하늘에서
읽는
대한민국

지오포토100 ❸

하늘에서 읽는 대한민국

초판 1쇄 발행 2015년 6월 30일
초판 2쇄 발행 2017년 7월 17일

지은이 손 일·김다원·김성환·윤경철
항공사진 제공 삼아항업(주)

펴낸이 김선기
펴낸곳 (주)푸른길
출판등록 1996년 4월 12일 제16-1292호
주소 (08377) 서울특별시 구로구 디지털로 33길 48 대륭포스트타워 7차 1008호
전화 02-523-2907, 6942-9570~2
팩스 02-523-2951
이메일 purungilbook@naver.com
홈페이지 www.purungil.co.kr

ISBN 978-89-6291-291-3 03980

지오포토100 ③

사진으로 전하는 100가지 지리 이야기

항공사진을 이용한 공간 해설서

하늘에서 읽는 대한민국

손 일 · 김다원 · 김성환 · 윤경철 공저
삼아항업 항공사진 제공

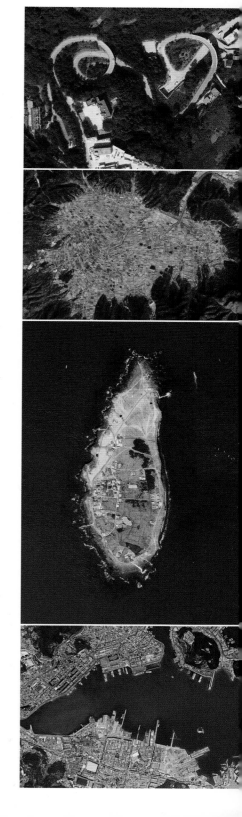

푸른길

---◆---

지리학의 속성상 그것의 이해와 해석 그리고 전달 과정에는 지도, 도표, 그림, 사진과 같은 시각적 도구가 이용되는데, 그 유용성은 아무리 강조해도 지나치지 않는다. 특히 일반 대중과의 지리학적 소통을 위한 교양서인 경우라면 일반화, 개념화, 상징화의 정도가 낮은 사진이라는 매체를 활용해 해당 장소, 공간, 지역을 설명하는 것이 보다 효과적이다. 실제로 사진이 개발된 19세기 중엽 이래 사진과 지리학의 이러한 보완적 관계는 지금도 여러 방면에서 활발하게 이루어지고 있다. 사진은 스마트폰의 디지털카메라로 찍은 인물 사진부터 비행기에 장착해 넓은 범위를 찍는 항공사진에 이르기까지 다양한데, 이 책에서 주목하는 것은 다음이나 네이버와 같은 포털 사이트에서 제공하고 있는 것과 같은 항공사진이다.

지금까지 국내에서 항공사진을 이용한 공간 해설서는 그 예를 찾기 어려웠고, 일부 단편적인 시도가 있었지만 큰 반향을 얻지 못했다. 왜냐하면 과거에는 일반인이 항공사진을 이용하려면 까다로운 이용 승인 절차를 거쳐야 했고, 또한 전국적 작업을 하기 위해서는 많은 비용이 소요되었기 때문이다. 게다가 이러한 난관을 극복했다고 하더라도 일반인에게는 흑백으로 된 단일 축척의 항공사진 인화본만 제공되어, 이 책에서 추구하는 가변 축척의 항공사진 조작은 거의 불가능했다. 하지만 포털 사이트에서 제공하는 항공사진은 여러 측면에서 이전과는 확연하게 다르다. 우선 무료인 데다가 조작하기 쉽고 결과도 쉽게 저장할 수 있다. 또한 컬러 사진이면서 마음껏 줌인, 줌아웃 할 수 있을 정도의 고해상도 사진이라 그 활용 가능성이 무궁무진하다.

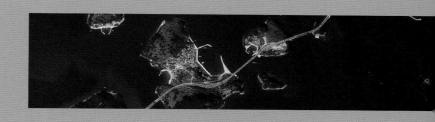

지표 공간에 펼쳐진 사상(事象)들은 사진의 축척에 따라 그 모습이 달라지며, 그에 따라 우리에게 전달되는 의미도 달라진다. 앞서 말한 바와 같이 미디어 환경과 IT의 발달로 포털에서 제공하는 항공사진 이미지는 쉽게 줌인, 줌아웃이 가능하게 되었고, 그로 인해 스케일에 따른 공간 현상의 다층적 의미를 별다른 기술 없이 스스로 구현해 볼 수 있게 되었다. 결과적으로 기존의 단일 축척 인화본 항공사진에서 발견할 수 없던 공간 패턴을 보다 쉽게 발견할 수 있게 된 것이다. 따라서 이제 사진은 단지 도출된 결과만을 전달하는 도구에 그치지 않고, 공간 속에 숨어 있는 가설을 구성하고 이를 검정하고 그 결과를 알리는 진정한 의미의 시각화 도구로 재탄생하게 된 것이다.

결국 이 책은 지리학 전문가들이 이러한 시도를 손수 해 보고, 확인된 공간 현상에 대한 여러 가지 의문을 직접 파헤쳐 나가는 과정을 소개하는 데 그 목적이 있다. 그리고 이러한 전문가의 시도와 시행착오, 그 과정에서 끄집어 낸 공간성, 지역성, 장소성은 일반인의 호기심이나 지적 욕구를 충족시켜 줄 뿐만 아니라, 학생들의 공간 감각을 향상시키는 데도 일조하리라 판단된다. 이 책에 제공된 100가지 경관은 대한민국의 대표적인 경관이 아니다. 단지 전문가들의 작업 과정을 소개하려는 의도에서 제시된 100가지 사례일 따름이다. 이는 항공사진을 통해 누구든지 자신만의 공간 정보를 만들 수 있음을 독자들에게 알려 주고, 제안하고자 하는 이 책의 또 다른 목적이기도 하다.

이 책은 ㈜푸른길의 사진으로 전하는 100가지 지리 이야기 '지오포토 100' 시리즈의 세 번째 책이다. 이미 발간된 '지오포토 100' 『앵글 속 지리학(상·하)』이 지상에서 찍은 사진을 이용한 것이라면 이번

책은 항공사진을 이용했다는 점이 다르며, 작업에 참여한 사람들이 항공사진과 관련된 각자의 생각을 에세이로 정리했다는 점이 또한 다르다. 항공사진은 이제 IT라는 새로운 환경이 도래함에 따라 일반인도 누구나 쉽게 조작할 수 있는 도구로 바뀌었다. 항공사진을 이용하면 자신에게 친숙한 공간이든 그렇지 않은 공간이든 누구나 손쉽게 새로운 공간 패턴을 찾아낼 수 있다. 그리고 '그것이 언제, 어떻게, 왜'라는 의문에 답을 찾아가는 과정은, 다양한 공간 속에서 자신의 정체성을 찾아 나가는 동시에 공간에 새로운 상상력을 불러일으키는 소중한 기회가 될 것이다. 다시 말해 공간과의 새로운 대화 방식을 통해 타자로 인식되던 공간 속에서 스스로를 확인할 수 있는 계기가 마련될 수 있다는 것이다.

퇴근 후 소파 한 곁에 기대어 아이패드 속 다음 지도를 쥐락펴락하면서 새로운 뭔가를 찾아내는 기쁨을 동료들에게 이야기하다가 시작된 일이 이 책으로 결실을 맺게 되었다. 불확실한 구상에 긍정의 힘을 보태면서 새로운 길로 선뜻 나서 주신 김다원, 김성환, 윤경철 세 분께 감사드리며, 어려운 출판 환경에도 용감하게 책을 내 주신 ㈜푸른길의 김선기 대표이사님께 감사의 말을 전한다.

한편 가변 축척의 고화질 컬러 항공사진은 고가의 물건이다. 하지만 이 책에 이용된 항공사진은 포털 업체 다음에 항공사진을 제공한 삼아항업㈜으로부터 사용 허락을 받아 게재한 것이기 때문에, 고가의 항공사진을 이용했음에도 책의 가격을 낮출 수 있었다. 더군다나 윤경철 박사의 에세이에는

항공사진의 제작 과정이 상세히 소개되어 있어 항공사진에 대한 궁금점을 풀 수 있었다. 새로운 시도에 기꺼이 동참해 항공사진 사용을 허락해 주신 삼아항업㈜의 박복용 회장님께 깊은 감사의 말씀을 드리며, 새로운 판형에 사진과 저자들의 글을 담아내느라 애쓰신 ㈜푸른길의 최성훈 이사님과 편집진에게 심심한 감사의 말씀을 드린다.

2015년 6월

저자들을 대신해서 손 일 씀

차 례

9

항공사진은 이제 IT라는 새로운 환경이 도래함에 따라 일반인도 누구나 쉽게 조작할 수 있는 도구로 바뀌었다. 항공사진을 이용하면 자신에게 친숙한 공간이든 그렇지 않은 공간이든 누구나 손쉽게 새로운 공간 패턴을 찾아낼 수 있다. 그리고 '그것이 언제, 어떻게, 왜'라는 의문에 답을 찾아가는 과정은, 다양한 공간 속에서 자신의 정체성을 찾아 나가는 동시에 공간에 새로운 상상력을 불러일으키는 소중한 기회가 될 것이다. 다시 말해 공간과의 새로운 대화 방식을 통해 타자로 인식되던 공간 속에서 스스로를 확인할 수 있는 계기가 마련될 수 있다는 것이다.

☀ 항공사진을 이용한 공간 해설서

하늘에서 읽는 대한민국

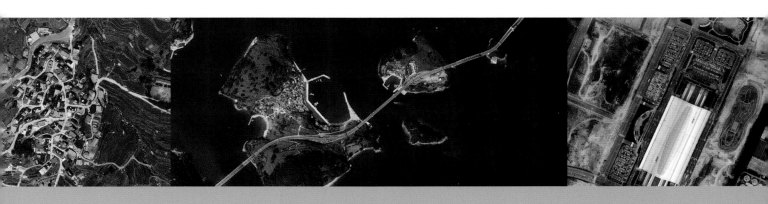

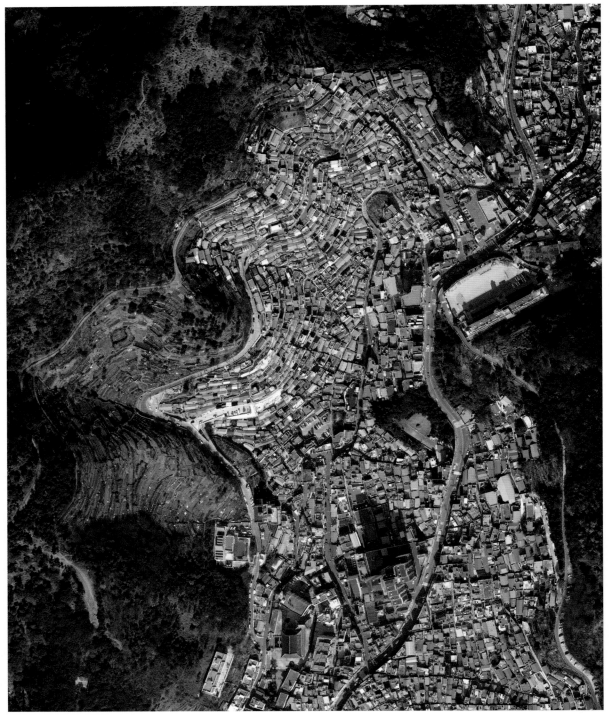

촬영: 2011년 11월

감천문화마을
부산의 아트빌리지

감천문화마을은 부산 남항 배후의 천마산(324m)과 그 서쪽 산지로 둘러싸인 작은 산간 분지 속 산동네이다. 골짜기를 따라 지어진 작은 집들이 만들어 낸 이 마을의 전체적인 형상은 마치 한반도를 보는 듯하다. 태극도의 창시자인 조철제가 정읍에 있던 본부를 부산 보수동으로 옮겨 포교 활동을 시작했는데, 한국 전쟁이 끝난 뒤 1955년에 3,000세대 1만여 명의 신도를 이곳 감천동으로 옮기면서 본격적인 개발이 시작되었다. 물론 전쟁 피난민들 역시 이 마을에 정착하였으며, 1970년대 이후에는 도심에서 들어온 서민들의 마을 공동체가 되었다.

사진을 보면 알 수 있듯이 이 마을에서는 다른 마을과는 다른 독특한 경관을 확인할 수 있다. 마치 계단식 경작을 연상케 하며 계곡 양쪽의 급경사면을 따라 줄지어 늘어선 주택의 배열이 그것이다. 이 계단식 주택들은 앞집으로 인해 조망권이나 일조권이 방해받지 않는다. 골목길은 한 사람이 겨우 지나갈 정도로 아주 좁고 가파르지만, 골목길을 따라가다 보면 동네 어느 집이든지 갈 수 있는 구조이다. 이러한 특색과 역사적 가치를 살리기 위해 지역 예술인들과 주민들이 모여 시작한 '마을미술 프로젝트'는 지금의 감천문화마을을 만드는 디딤돌이 되었다. 이 사업을 시작으로 각종 공모 사업을 유치하면서 현재는 연간 30여만 명이 방문하는 관광 명소가 되었다.

이제 감천문화마을은 '한국의 산토리니', '한국의 마추픽추', '레고마을' 등 다양한 이름으로 불리면서 국내 관광객뿐만 아니라 많은 외국 관광객들까지 찾는 곳이 되었다. 또한 우리나라 도시 재생 사업의 모델로 선정되면서 타 지역의 공무원과 연구자의 벤치마킹 대상이 되고 있다. 하지만 이곳은 화석처럼 굳어 있는 관광 명소가 아니다. 현지 주민들이 오늘도 삶을 이어가는 거주 공간이면서, 부산에서도 주거 환경이 가장 열악한 곳이다. 이곳을 안내하는 관계자들은 강조한다. "이곳을 찾은 여러분은 관광객이 아닙니다. 방문객입니다." 관광객에게 감천문화마을은 일방적으로 보고 가는 대상이지만, 방문객에게는 거주민과 소통하는 공간인 것이다. 점차 상업화되어 가는 이 마을을 위해 새로운 전략이 필요할 것으로 보인다.

촬영: 2011년 11월

거가대교

부산과 거제를 잇는 8.2km 다리

거가대교는 거제도–저도–대죽도–가덕도를 연결하는 길이 8.2km의 장대한 다리이다. 하지만 사진에서 보듯이 해상에 드러난 교량은 왼편의 거제도에서 죽도를 거쳐 대죽도로 이어지는 2개의 사장교뿐이며, 그 길이는 모두 3.5km에 불과하다. 나머지 4.7km는 대죽도와 맨 오른편의 부산광역시 가덕도를 잇는 3.7km의 침매 터널 구간과 1km의 육상 터널 구간이어서 사진으로는 확인할 수 없다. 거가대교는 2004년 착공해 8년간의 공사 끝에 2010년에 완공되었다. 총사업비 중에서 72%가 민간 자본으로 이루어졌으며, 2011년 1월 1일부터 통행료를 징수하고 있다. 승용차 편도 이용료가 10,000원이라는 점에서 비싸다는 여론이 팽배하지만, 막상 둘러서 간다면 이보다 훨씬 많은 비용이 든다.

거가대교의 건설로 부산과 거제 간의 거리는 140km에서 60km로 단축되었고, 주행 시간 역시 2시간가량 단축되었다. 그 결과 연간 4000억 원 이상의 편익과 관광 수요의 증대, 지역 경제의 활성화 등 긍정적인 효과를 기대할 수 있게 되었다고 한다. 아직 완공되지는 않았지만, 부산 앞바다를 건너는 교량들 간에 접속 도로나 터널 공사가 진행 중이고, 가거대교를 지나 부산 신항만을 거쳐 을숙도대교, 남항대교, 부산항대교, 광안대교로 이어지면서 부산과 거제가 하나의 생활권이 되고 있다. 더 나아가 이러한 교통망이 부산울산고속도로와도 연결되면서 비로소 부산을 중심으로 하는 거제–부산–울산 광역 경제권 구상이 본격화되고 있다. 한편 부산광역시는 이곳 가덕도에 신공항 건설을 추진하고 있다.

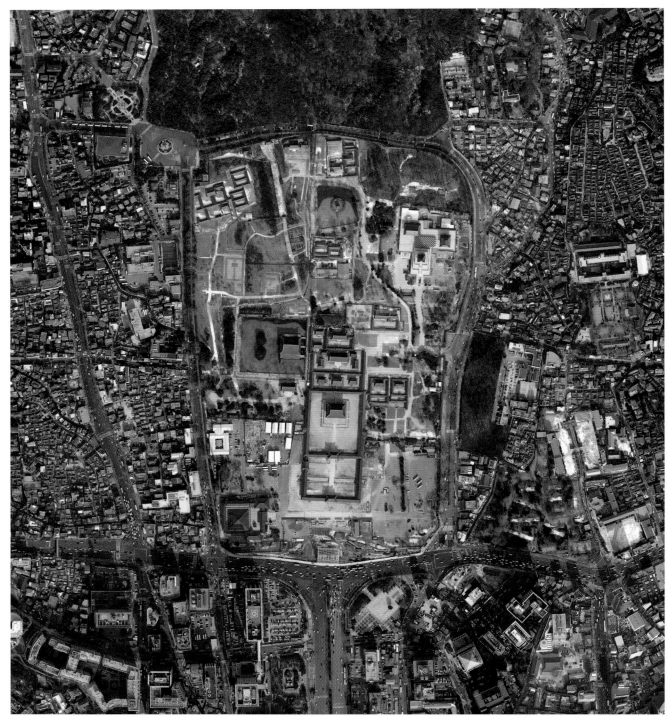

촬영: 2013년 09월

경복궁
왕실 문화의 진수를 보여 주는

경복궁의 경복(景福)은 중국 5경 중 하나인 『시경』의 글귀인 "이미 술에 취하고 이미 덕에 배불렀으니 군자 만년에 큰 경복이라."에 나오는 말이다. 이는 '왕의 은혜와 어진 정치로 모든 백성들이 걱정 없이 살아가고 있다'라는 의미를 담고 있다. 1395년 태조 이성계에 의해 창건되었고, 1592년 임진왜란 때 불타 없어졌다가, 고종 때인 1867년에 흥선대원군의 강력한 의지로 중건되었다. 하지만 1895년 일본인에 의해 명성황후가 피살된 비운의 궁이기도 하다. 일제 강점기에는 많은 건물들이 철거되고 궁의 중심 건물인 근정전 앞에 조선총독부 청사가 건립되는 수모를 겪기도 했다.

1945년 광복 후 조선총독부 청사는 정부종합청사로 활용되다가 1970년 세종로에 위치한 새로운 청사로 이전하면서 1986년부터 국립중앙박물관으로 이용되었다. 이 건물은 1995년 8·15 광복 50주년을 맞이하여 철거되었으며, 이 자리에 원래 있던 흥례문 권역이 2001년 10월 복원·낙성되었다. 이로써 고종 당시 지어진 경복궁 건물의 40%가 복원되었고, 일제에 의해 철거되었다가 1968년에 철근 콘크리트로 만들어진 광화문 역시 원래의 모습을 되찾았다. 이처럼 경복궁은 조선 초기부터 현재까지 우리 역사의 우여곡절을 오롯이 간직한 역사의 현장인 동시에, 수도 서울의 중심이요 조선의 으뜸 궁궐로서 격조 높고 품위 있는 왕실 문화의 진수를 보여 주는 데 부족함이 없다.

촬영: 2012년 11월

경주 보문관광단지

경주의 또 다른 즐길 거리

경주시는 도시 전체가 '노천 박물관'이라고 불릴 만큼 신라 천년의 역사를 고스란히 간직하고 있는 곳이다. 실제로 경주시는 2000년 12월에 도시 전체가 '경주역사지구'라는 명칭으로 유네스코 세계문화유산에 등재되었다. 경주역사지구는 총 다섯 개의 지구로 구성되는데, 이곳 보문관광단지는 그중 하나인 '산성 지구'를 포함하고 있으며, 경주 시내에서 동쪽으로 몇 킬로미터 떨어지지 않은 북천 계곡에 자리 잡고 있다. 토함산에서 발원한 북천이 덕동호에 모여들고 그 물이 다시 이곳 계곡에 있는 보문호로 흘러드는데, 보문관광단지는 보문호 주변, 특히 북동쪽 호안에 집중적으로 배치되어 있다. 사진에서 호수 오른쪽에 덕동호로부터의 유입구가 있고, 왼편 유출구를 빠져나온 북천은 경주 시내를 관통해 형산강으로 흘러들어 간다.

1979년 인공 호수인 보문호가 완공되면서 이 호수를 중심으로 호텔, 콘도미니엄을 비롯한 각종 숙박 시설 및 공연장, 미술관을 비롯한 각종 놀이 시설이 들어섰다. 특히 경주컨트리클럽, 보문골프클럽, 경주신라컨트리클럽 등 보문호 북동쪽에 넓게 펼쳐져 있는 골프장 경관이 단연 압권이다. 그 결과 이곳 보문관광단지는 영남권을 대표하는 종합 관광 휴양지로 발달하였으며, 사계절 관광지로 각광받고 있다. 게다가 단지 내에서 분출되는 양질의 온천수도 관광 휴양지로 발달하는 데 크게 기여하였다. 북천 양안을 따라 나 있는 진입로 주변과 보문호 호안에는 벚꽃이 식재되어 있는데, 벚꽃이 만개하는 봄철이면 많은 상춘객들이 찾는다. 이곳 보문관광단지는 봄철 벚꽃을 시작으로 사시사철 아름다운 풍광이 펼쳐지는데, 청정 자연 속에서 천년 신라의 향기를 느낄 수 있는 경주의 또 다른 볼거리이다.

촬영: 2012년 11월

경주 양동마을
유교적 전통을 간직한

경주 양동마을은 조선 시대 이래 500여 년 동안 월성 손씨와 여강 이씨의 후손이 전통을 이어오며 살고 있는 유서 깊은 동족 촌락으로, 안동 하회마을과 더불어 조선 시대 대표적인 양반 마을 중 하나이다. 그리하여 1984년 마을 전체가 국가지정문화재(중요민속자료 제189호)로 지정되었을 뿐만 아니라, 2010년에는 세계문화유산으로 등재되었다. 14~15세기에 조성된 대표적인 전통 마을로서 유교적 삶의 양식과 전통 문화를 현재까지 잘 계승해 오고 있다는 평가와 함께, 자연과 조화를 이루면서 유교적 경관 속에 전통 건축 양식을 잘 보존해 오고 있다는 평가도 받고 있다.

7번 국도를 따라 경주에서 포항으로 가다가 포항 조금 못미처 강동대교를 건넌 후 안강읍 쪽으로 접어들자마자 우회전하면 바로 양동마을 입구가 나온다. 사진을 보면 양동마을은 안동 하회마을과는 다른 특징을 보인다. 양반과 상민의 집이 분리되어 있지 않고 서로 이웃하고 있으며, 또한 집들이 구릉지 곳곳에 산재해 있는 점이 그것이다. 마을에 들어서면 월성 손씨의 대종가인 서백당, 여강 이씨의 대종가인 무첨당, 후손들에게 학문을 가르쳤던 경산서당, 이향정, 심수정과 같은 정자들이 나타나는데, 오랜 세월이 지났음에도 그대로 잘 보존되어 있다. 이들 건물들과 상민이 살던 기와집이 어우러져 특색 있는 동족 촌락의 경관을 보인다.

촬영: 2012년 12월

경주 월성지구

천년 왕조의 도성

자동차로 경부고속도로 경주 인터체인지를 빠져나와 직선 도로를 달리다 보면, 왼편에 국립경주박물관과 함께 야트막한 구릉지가 나타난다. 바로 이곳이 월성이다. 사진에서 보듯이 월성은 남천의 만곡부에 의해 만들어진 반달 모양의 구릉지 위에 있으며, 그 모양이 반달을 닮았다고 하여 반월성이라고도 한다. 하천과 구릉지를 최대한 활용한 성으로, 최근의 발굴 조사에 의하면 성벽의 북쪽 외곽에도 해자(垓字)가 있었다고 한다. 101년 파사왕 때 성을 쌓아 경순왕까지 52명의 왕이 이곳에 머물렀으며, 일부에서는 석탈해가 왕이 되면서부터 이미 왕궁으로서의 역할을 했다고 주장하기도 한다. 경주는 이곳 월성을 중심으로 남쪽으로는 남산이 있고 서·북·동쪽으로도 높고 험한 산지가 둘러싸고 있어 천혜의 요새로 인정받았다. 경주 역사 탐방 초심자라면 이곳 월성과 함께 박물관 견학부터 시작하는 것이 좋을 것 같다.

천년 신라의 왕궁터로 알려진 월성 지구에는 월성을 중심으로 신라의 옛 이름이기도 한 계림, 그리고 안압지로 더 유명한 경주동궁과 월지가 인접해 있다. 계림은 경주 김씨의 시조인 김알지의 탄생 설화가 있는 숲으로 월성의 북서쪽에 있다. 월성의 북동쪽에 인접한 경주동궁은 신라 왕궁의 별궁으로 왕자가 거처하던 곳이며, 월지는 그곳에 조성된 연못이다. 그리고 월성에서 북쪽으로 조금 가면 동양 최고(最古)의 천문 시설인 첨성대가 나오고, 그 사이에는 내물왕릉과 인왕동 고분군이 있다. 이처럼 월성 주변은 과거 신라의 역사와 유적을 두루 간직하고 있다.

촬영: 2012년 05월

경포호
경포해수욕장과 바닷가 호수

경호라고도 불리는 강원도 강릉의 경포호는 우리나라를 대표하는 석호이다. 석호는 해안에 형성된 만의 입구를 해안을 따라 흐르는 연안류가 모래를 쌓아 막아 버림으로써 형성된 호수를 가리킨다. 따라서 석호가 있다고 하면 바다도 있고 호수도 있고 또 호수와 바다를 가로지르는 모래 해안도 자연스레 있기 마련이다. 석호의 물은 처음 만들어질 때는 당연히 바닷물에 가깝지만 시간이 지날수록 호수로 흘러드는 하천에 의해 민물에 가까워지는 운명을 맞는다. 해안을 따라 모래의 이동과 퇴적이 활발히 일어나는 강원도 동해안에는 석호가 잘 발달해 있는데, 경포호, 청초호, 매호, 화진포, 영랑호 등이 대표적인 석호에 해당된다.

흔히들 경포대로 여행을 떠난다고 이야기를 한다. 그렇다면 사진에서 경포대는 어디일까? 많은 사람들은 '경포대' 하면 경포해수욕장, 즉 경포호를 바다와 분리시켜 놓은 모래 해안을 떠올린다. 사진에서 새하얀 띠를 그리며 뻗어 있는 모래 해안이 바로 경포해수욕장이다. 그러나 경포대는 엄연히 따로 있다. '대'는 흙이나 돌 따위로 높이 쌓아 올려 사방을 바라볼 수 있게 만든 곳을 뜻하므로 높은 곳이다. 경포대는 사진 서쪽에서 경포호로 접근할 때 위쪽으로 갈라진 길로 접어들면 바로 길 왼쪽 너머 언덕에 있다. 호수와 송림, 그리고 바다까지 조망할 수 있는 관동팔경의 한 곳이다. 사진에서 보면 호수 가운데에 조그만 섬이 보이는데 홍장암과 조암이라는 바위섬이다.

경포호는 그 자체로도 훌륭한 관광 자원이지만 주변에 이율곡, 신사임당과 관련이 있는 오죽헌, 허균과 허난설헌의 고향 마을인 초당마을 등 많은 관광지가 있다. 그중 선교장이라는 오래된 저택이 있는데 경포호와 관련지어 보면 이곳의 이름이 재미있다. 이름 그대로 배를 다리로 이용하는 집이었다면 호숫가에 있었다는 이야기인데 현재는 도로변에 있다. 경포호의 둘레는 현재 약 4km 정도인데, 이것은 호수로 흘러드는 토사가 퇴적되고 또 이를 농경지로 개간하면서 상당히 축소된 규모이다. 사진에서도 확인할 수 있지만 경포호 주변의 육지화된 부분을 다시금 자연으로 되돌려주는 작업이 진행되어 지금 경포호를 찾는다면 푸르른 소나무 숲과 깨끗한 바다, 그리고 잘 정비된 호수를 충분히 만끽할 수 있을 것이다.

촬영: 2011년 05월

광명역

수도권 서남부 교통의 허브

광명역은 2004년 4월 1일 경부선 KTX의 개통과 함께 영업이 개시된 KTX 전용 역사(驛舍)이다. 광명역의 등장으로 광명 시민들뿐만이 아니라 멀리 서울 도심에 있는 서울역을 이용해야 했던 수도권 서남부 사람들도 KTX 열차를 편리하게 이용할 수 있게 되었다. 광명역은 규모 면에서 그리고 외형 면에서 마치 공항을 보는 듯하다. 사진 한가운데 있는 역사는 지상, 지하 각 2층의 철골+철근 콘크리트 구조물로 가로 297m, 세로 148m의 크기이다. 축구장 6개 정도의 크기이며, 외형은 한옥의 처마와 버선의 곡선을 형상화해 전통미를 살렸다는 평가를 받고 있다. 하지만 얼마 전까지도 주변에 별다른 시설이 들어서지 않아, 사진에서 보듯이 넓은 벌판에 역사 건물 하나와 주차장만 달랑 놓여 있었다.

원래 철도역은 원거리 이동을 목적으로 하는 공항과 달리 근거리를 빠르게 이동하기 위해 필요한 시설물이다. 따라서 철도역의 입지 선정에는 시민들의 접근성이 우선시되어야 한다. 이런 사실을 감안한다면 광명역의 입지는 다소 이례적이다. 수도권 전철역 영등포역과 광명역 사이에 '광명셔틀'이라 불리는 전철이 다니고 있는 것은 이 같은 불편한 접근성을 해결하려는 하나의 방편이었다. 그런데 최근 들어 세계적인 가구 브랜드 이케아 광명점의 입점과 함께 아웃렛, 오피스텔 등 각종 주거 시설이 들어서면서 광명역 주변 개발이 본격적으로 진행되고 있다.

광화문 광장

수도 서울의 심장이자 한국의 대표 광장

소설가 최인훈은 자신의 소설 『광장』에서 "사람들이 광장으로 나오는 방법과 광장으로 나오는 길은 다양하다."라고 말한 바 있다. 이곳 광화문 광장으로 연결되는 도로는 사통팔달하며, 이곳을 지나거나 들르는 시민들과 관광객들은 다양한 방법과 이유로 접근하고 있다. 조선 시대 광화문과 그 앞길은 경복궁의 정문이면서 왕의 길이었으니, 가히 왕권의 상징적 공간이었음에 틀림없다. 그래서 그 입구에 세워진 문의 이름 역시 왕권을 상징하는데, 광화문(光化門)이란 '빛이 궁 밖 사방을 덮고 교화가 만방에 미친다'는 의미를 갖고 있다. 과거 조선 시대 육조가 있던 광화문 앞 거리에는 지금도 정부서울청사를 비롯해 주요 관공서 건물과 세종문화회관이 있으며, 주한 미국 대사관을 비롯해 각국의 재외 공관들도 자리 잡고 있다. 차도로 이용되던 현재의 광화문 광장은 완전히 새로운 모습으로 탈바꿈하면서 2009년 8월 1일 시민들에게 개방되었다.

모든 대도시들의 이미지가 점차 획일화되고 있지만, 서울의 도시 이미지를 가장 특징적으로 보여 주고 있는 곳이 광화문 광장일 것이다. 경복궁 앞 광화문을 중심으로 동·서·남으로 뻗어 있는 도로는 이곳이 도시의 핵심부임을 암시하고 있다. 새로이 조성된 광화문 광장은 북쪽에서 남쪽순으로 다섯 구역으로 나누어 각각의 특징을 살렸는데, 이를 자세히 살펴보면 다음과 같다. '광화문의 역사를 회복하는 광장'은 광화문 바로 앞 130m 구간에 월대(궁궐의 정전, 묘단, 향교 등의 중요한 건물 앞에 놓이는 넓은 기단 형식의 대)로 재현하였고, '육조거리의 풍경을 재현하는 광장'은 세종로공원 주변 210m 구간에 조선 시대 육조거리의 모습을 형상화하였다. '한국의 대표 광장'은 세종대왕 동상과 '세종이야기' 전시관이 설치되었고, '시민들이 참여하는 도시 문화 광장'은 이순신 동상과 세종문화회관 사이를 활용하여 다양한 전시 공간으로 구성하였다. 마지막으로 '도심 속의 광장'은 이순신 동상 주변에 인공 연못과 바닥 분수 등을 설치하여 시민들이 여가를 즐길 수 있게 하였다.

촬영: 2012년 01월

구례 선상지
지리산 자락의

구례군은 가파른 지리산 자락을 돌아 나가는 섬진강 줄기의 작은 지류인 서시천 유역에 넓게 형성된 구례분지에 자리하고 있다. 구례분지는 길이 약 10km, 너비 약 4km의 평야 지대인데, 분지 바닥의 해발 고도는 50~100m 정도이다. 오른편 지리산 쪽에서 구례군을 향하면서 넓은 들판에 숲으로 테두리를 이루는 부채꼴 모양의 지형 두 군데를 확인할 수 있다. 바로 구례 선상지이다. 위쪽은 천은사 계곡에서 시작하는 선상지이고, 아래쪽은 화엄사 계곡에서 비롯하는 선상지이다. 선상지라 하면 산지가 평지를 만나는 지점을 꼭짓점으로 하여 부채꼴 형상을 떠올리겠지만, 이곳 선상지는 식생 테두리로 주변 평지와 구분되며, 그 형태가 다섯 손가락 같기도 해서 약간의 상상력을 동원해야 선상지임을 확인할 수 있다.

구례 선상지는 구례분지 위를 덮으면서 형성되었지만 지리산에서 서시천으로 흐르는 하천에 의해 주변이 개석되기도 하고, 반대로 서시천에서 상류를 거슬러 오르는 하천의 두부 침식으로 일부 구간이 침식되어 현재의 모습이 되었다. 구례 선상지 전면에는 적당한 거리를 두고 산성봉이나 봉성산과 같은 봉우리가 솟아 있어, 좋은 조망을 얻을 수 있다. 하지만 최근 개통한 순천완주고속도로가 이 산지들의 중산간을 지나기 때문에 굳이 이 산 정상에 오르지 않아도 동쪽 차창을 통해 구례 선상지를 쉽게 관찰할 수 있다. 구례군 남쪽으로 섬진강을 건너면 상당히 가파른 사면을 이루고 있는 오산이 보이는데, 이곳 정상에 있는 사성암에서도 구례와 구례 선상지를 조망할 수 있다. 사성암은 자가용으로는 오를 수 없지만, 산 입구에서 사성암까지 가는 셔틀버스를 이용하면 된다.

촬영: 2014년 04월

구미국가산업단지
내륙 최대의 첨단 수출 산업단지

구미시에는 모두 5개의 국가산업단지가 조성되어 있다. 그중 사진에 보이는 곳은 그 핵심인 제1산업단지이며, 왼편의 경부고속도로 구미 인터체인지 서쪽 부분은 구미시청이 있는 구미시의 중심지이다. 사진에서 남북으로 관류하는 큰 하천은 낙동강이며, 그 우안에 있는 것이 제3산업단지이다. 이곳 구미는 경부선 구미역이 개설되면서 농촌 중심지로 부상했으며, 1960년대 이전까지만 해도 농업이 중심인 지역이었다. 그러나 1960년대 후반 정부의 경제 성장 정책 추진 과정에서, 구미는 낙동강의 풍부한 용수와 넓은 범람원이 있고 철도 및 고속도로가 지나는 교통의 요충지라는 입지적 장점을 인정받아 국가산업단지로 조성되었다. 오늘날 구미는 내륙 최대의 첨단 수출 산업단지를 보유한 도시로 발달하였다.

구미국가산업단지는 1960년대에서 1980년대까지만 해도 노동 집약적이면서 수출 지향적인 전자·섬유공업이 주를 이루었으며, 이를 바탕으로 우리나라 수출 증진의 선봉적 역할을 담당하였다. 1990년대 들어서면서 중국과 동남아시아 지역의 값싼 노동력을 찾아 떠나는 공장들이 늘어나, 한때 공업 지역으로서 위기를 맞기도 하였다. 그러나 정부와 지방 자치 단체는 물론 개별 기업들이 발 빠르게 대응하면서 변혁을 통해 혁신을 이루었고, 최근까지도 산업단지가 확장되고 있을 정도로 우리나라 국가산업단지의 허브로서 그 위상을 굳건히 유지하고 있다. 제1산업단지에서는 정보 통신 기기와 섬유를, 제2산업단지에서는 반도체와 첨단 통신 기기를, 제3산업단지에서는 브라운관, 액정 표시 장치 등을 생산하고 있다. 제4단지는 2011년에 조성되어 전자 관련 중소기업들이 들어서 있다. 제5단지는 2018년 완공 예정이며, 전자·정보 기기(IT), 메커트로닉스(MT), 신소재(NT)와 전자 장비 제조업 등을 포괄하는 미래형 산업을 유치할 계획을 갖고 있다. 최근 구미와 이웃 도시 김천 사이에 KTX 김천(구미)역이 들어섰다.

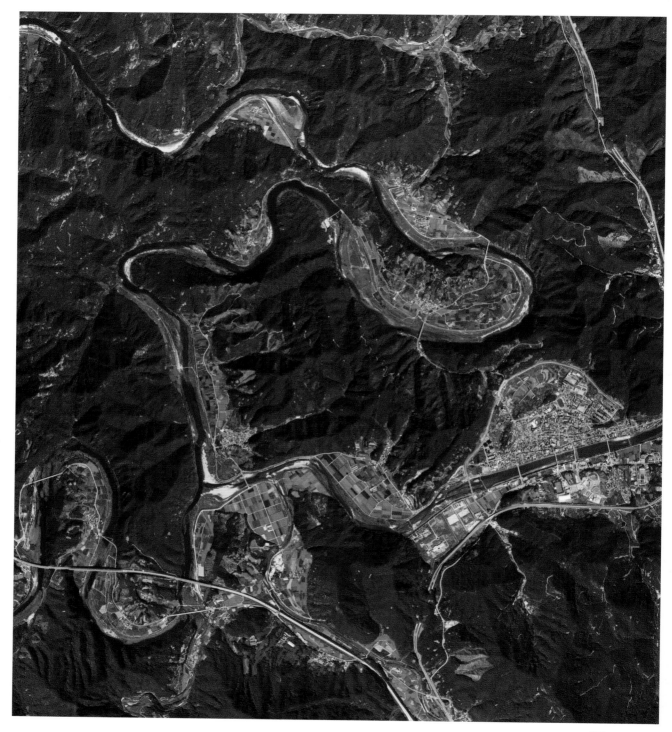

촬영: 2013년 09월

금강 상류 감입곡류
사진을 따라 돌기에도 현기증 나는

낙동강 굽이 따라 안동에 하회마을, 예천에 회룡포, 그리고 영주에 무섬마을이 있다면 여기 무주에는 무주읍 내도리 마을이 있다. 사방이 강물로 둘러싸인 내륙 속의 섬이라는 뜻으로 내도리라 불린다. 물줄기가 돌아 다시 금산 지방으로 나가는 곳이라 금회(錦廻)라고도 불렀고, 이곳 주민들은 앞섬이라고 부른다. 내도리로 건너가는 다리나 강변에는 앞섬이라는 이름이 붙어 있다. 곡류 구간을 끼고 자리 잡은 모든 마을들의 이름에는 물이 돈다는 뜻의 '회' 자와 육지 내부에 있지만 거의 섬과 같다하여 '섬' 자가 들어가 있다. 하회, 회룡, 무섬, 앞섬 등이 그것들이다. 영월이나 정선에서 볼 수 있는 곡류 구간과는 달리, 이들에서는 마을 모두가 곡류 구간 돌출부에 형성되어 있다. 사진 오른쪽으로 보이는 도시가 무주읍인데, 무주군 내에서 제일 큰 도읍이다. 무주군의 중심지는 무주읍, 안성면, 무풍면으로 뿔뿔이 흩어져 있는데, 실제 무주읍은 대전권, 안성면은 전주권, 무풍면은 김천권으로 생활권이 각기 다르다.

금강은 전라북도 장수군 뜬봉샘에서 물줄기를 시작한다. 흔히들 4대강, 4대강 하는데 금강은 당당히 4대강의 한 멤버이며 한강, 낙동강에 이은 세 번째로 큰 강이다. 영산강은 네 번째다. 금강은 전라북도 장수에서 발원하여 다시 전라북도 군산시에서 서해로 흘러든다. 장수에서 군산까지는 직선거리로 약 85km 정도밖에 되지 않지만, 금강 본류의 전체 길이는 거의 400km에 이른다. 그 이유는 발원지 장수에서 군산의 하구로 바로 향하지 않고 북쪽으로 올라가 충청도 땅을 휘돌면서 흐르기 때문이다. 특히 사진에서 보듯이 전라북도와 충청북도를 흐를 때는 한강 상류 못지않게 굽이굽이 곡류하기에 훨씬 더 길어진다. 금강 중·하류의 충청도에 대전과 청주와 같은 큰 도시가 있고 논산평야나 미호평야와 같이 커다란 평지가 펼쳐져 있는 것을 생각하면 전라북도는 금강에게 서운할 법도 하다. 하지만 덕유산과 구천동 계곡은 금강 상류의 자연 관광지로서 많은 사람들이 찾는 사계절 관광지이다.

촬영: 2011년 10월

금악오름

제주 서쪽 한림읍에 있는 금악오름이다. 금오름, 검은오름으로도 불리는데, 여기서 금은 황금을 말하는 게 아니다. '금' 또는 '검'이라는 글자는 신과 관련이 있다고 한다. 제주를 대표하는 오름으로 동쪽은 다랑쉬오름(월랑봉) 서쪽은 금악이라고 한다. 우선 금악은 해발 고도가 427.5m로 주변의 다른 오름들보다 높다. 그리고 금악 주변으로 평지가 이어져 있어 멀리서 보기에도 우뚝 솟은 모습이 한눈에 들어오기 때문에 대표적인 오름이라는 평가가 있지 않나 생각된다. 금악에 올라 한라산 쪽으로 바라보면 왼편으로는 파란색 지붕의 건물들이 줄지어 서 있는 모습을 볼 수 있다. 모두 돼지를 키우는 농장들이다. 한편 오른편으로는 한국 전쟁 직후 아일랜드 출신 신부가 제주를 개척하면서 세운 이시돌목장이 있다.

금악오름 사진을 자세히 들여다보면 분화구가 완전한 원형에 가까운 것을 알 수 있다. 또한 오름 정상에 분화구가 있고 분화구에 물이 고인 것도 확인할 수 있다. 제주에서 오름은 말과 소를 키우는 목장으로도 활용되는데 금악오름 분화구의 물은 방목하는 소가 먹기에 적당하기 때문에 오름에 올랐을 때 분화구 안에서 유유히 풀을 뜯는 소들을 종종 만날 수 있다. 백두산 천지에도 물이 있고 한라산 백록담에도 물이 있기에 보통 화산 분화구에는 물이 고여 있을 것으로 생각하지만 제주 오름 분화구에는 물이 없는 경우가 훨씬 많다. 물영아리오름의 경우는 분화구 안에 형성된 몇몇의 습지를 보존하기 위해 환경부 습지보호지역과 람사르 습지에 등재되어 있다. 금악오름은 승용차를 이용하면 힘을 들이지 않고도 쉽게 정상에 오를 수 있다.

낙동강 삼각주

우리나라 단일 지형으로는 최대인

"Deltas are the gifts of rivers to the sea."

삼각주 연구로 유명한 라이트(Wright) 교수의 글귀이다. 그가 쓴 해안 환경에 관한 고전적인 교과서의 첫 장을 장식하고 있는데 "삼각주(delta)는 강이 바다에 주는 선물이다." 정도로 옮길 수 있다. 강이 운반해 온 퇴적물(주로 모래)이 바다와 만나는 하구에 쌓여 만들어지는 삼각주는 기후, 지형과 관계없이 전 세계에 분포하고 있다. 강이 바다에게 선물했지만, 실제로 삼각주는 인류에게 커다란 선물이 되었다. 이집트 고대 문명이 삼각주에서 태동했고, 카이로와 뉴올리언스 등 많은 대도시들도 삼각주에 터전을 잡고 있다. 최근에는 강과 바다가 만나 점이적 환경을 형성한다는 점에서 생태적으로도 중요한 공간으로 인정받고 있어, 선물로 치면 종합 선물 세트인 셈이다.

우리나라를 대표하는 삼각주는 낙동강이 남해로 흘러드는 하구에 형성되어 있다. 낙동강 삼각주는 단일 지형으로는 우리나라에서 제일 큰 규모인데, 행정 구역상으로는 부산광역시와 경상남도 김해시, 그리고 창원시에 걸쳐 있다. 규모가 상당하기 때문에 지상에서 한눈에 낙동강 삼각주 전체를 바라볼 수 있는 조망점을 찾기는 어렵다. 따라서 공간적인 측면에서 낙동강 삼각주를 살펴보고자 할 때 항공사진이 가장 효율적인 이유가 거기에 있는 것이다. 낙동강 삼각주는 강과 바다가 어우러져 만들어졌지만 내부를 들여다보면, 강과 바다 중 어느 것이 보다 주도적으로 작용하느냐에 따라 다시 상부 삼각주(하천의 작용)와 하부 삼각주(파랑의 작용)로 나누어진다.

사진의 우측 상단에서 낙동강은 서낙동강과 동낙동강(본류)으로 나뉘며, 양쪽 강줄기 주변으로 김해평야를 형성하고 있다. 위에서 아래로 길쭉하게 뻗은 고구마 모양의 섬들은 강이 주도적으로 만든 하중도이고 이 사진에는 없지만 아래쪽에는 바다가 주도적으로 만든 눈썹 모양의 사주섬 지형이 있다. 이들 사이사이로 수많은 소규모 하천들이 그물망 형태로 낙동강의 지류를 만들며 흐른다. 낙동강 삼각주는 거주 공간, 녹산공단과 신호공단, 화훼 단지와 농경지, 그리고 을숙도를 중심으로 생태계의 주요 서식지 등으로 다양하게 이용되고 있다. 1987년 하굿둑 건설로 담수화된 낙동강은 주변 대도시에 생활용수와 공업용수를 공급하고 있다.

촬영: 2013년 03월

낙안읍성

시간이 멈춘 듯 옛 모습을 그대로 간직한

남해에서 벌교만을 따라 내륙으로 들어가면 벌교읍이 나오고, 이를 가로지르는 낙안천을 따라 내륙으로 좀 더 들어가면 널따란 분지가 펼쳐진다. 이 분지의 북쪽 끝에 나지막하지만 완전한 석성의 모습을 갖추고 있는 읍성이 나타나는데, 바로 낙안읍성이다. 낙안읍성은 관아가 있던 행정 중심지인 동시에, 전란이 나면 이 지역을 방어하던 성곽이었다. 이 분지와 낙안읍성의 전체적인 모습을 조망하려면 읍성 북쪽에 있는 금전산(668m)에 오르면 된다. 사진에서 보듯이 낙안읍성은 오른쪽 동문에서 왼쪽 서문으로 이어지는 성 안 가운데 길을 경계로 동헌과 객사가 있는 공간과 초가집으로 된 주민들의 공간이 구분되어 있다. 94개의 관아, 218채의 민가가 남아 있고, 120가구 300여 명이 지금도 낙안읍성 안에서 살고 있다.

고려 후기부터 왜구의 침입이 잦자 1397년(조선 태조 6년) 절제사 김빈길이 흙으로 성을 쌓았으며, 이후 여러 차례 증축되면서 오늘날의 모습을 갖추게 되었다. 낙안은 북쪽으로 남원, 전주 등 내륙으로 연결되는 길목이어서 바다를 통해 들어오는 왜적에 대한 대비가 필요했던 것이다. 낙안읍성은 지금까지도 원형을 잘 보전하고 있어 조선 시대 사회상과 생활상을 엿볼 수 있는 창구가 되고 있다. 기와집, 초가집, 이들 집을 연결해 주는 이동로인 골목길, 마을을 다스렸던 관아인 동헌, 객사, 그리고 서민들의 소통의 장이던 주막까지 그대로 남아 있다. 덕분에 낙안읍성은 '대장금', '광해', '허준', '토지', '해신', '불멸의 이순신', '태백산맥', '취화선' 등 각종 역사 드라마와 영화의 촬영지로 각광받고 있다.

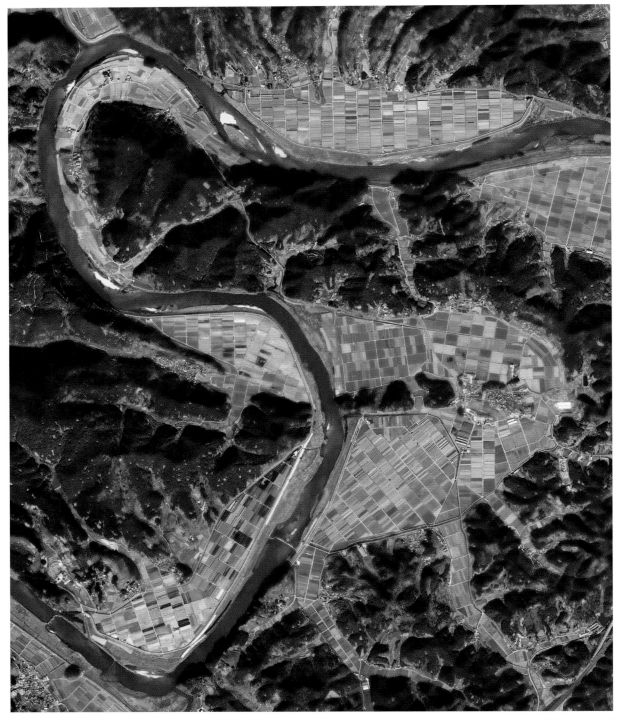

촬영: 2012년 12월

남강 범람원

구하도 흔적이 뚜렷한

남강 하면 쉽게 진주가 떠오르고 촉석루가 연상되기 마련이다. 실제 남강은 남덕유산에서 발원하여, 경상남도의 함양과 산청을 지나 남강댐으로 만들어진 인공호수인 진양호로 들어온다. 대전—통영간고속도로를 달리다 보면 여러 차례 강을 건너는데 표지판에는 경호강이라 안내하고 있다. 경호강은 남강의 지류로, 남강댐을 지나면서 그 하류가 남강이라는 이름을 얻는다. 이후 진주시를 관통해 의령과 함안을 지나 창녕의 남지 부근에서 낙동강 본류에 합류한다. 사진은 경상남도 진주시와 의령군, 함안군 등 세 행정 구역을 가르며 흐르는 남강을 촬영한 것이다. 흔히 우리나라에서 구불구불 흐르는 하천이라 하면 강원도나 경상북도 산간 지역의 하천들을 떠올리게 마련인데, 진주를 지나 낙동강으로 합류하는 남강도 사진에서 보는 바와 같이 심하게 곡류하며 흐른다. 특히 남강은 앞서 산간 지역의 하천과는 달리 거의 경사가 없는 지역을 곡류하면서 주변으로 비교적 넓은 범람원을 형성하였다. 사진에서 남강은 남서쪽에서 북쪽으로 흘러 동쪽으로 빠져나가는데, 중앙부는 진주시의 제일 동쪽인 지수면이고 남강의 위쪽은 의령군, 그리고 동쪽으로는 함안군이 이어진다. 사진 중앙부의 남강 하도 동쪽으로 서너 개의 작은 구릉을 둘러싼 말발굽 모양의 들판이 보이고, 이 들판 한가운데에는 마을이 자리 잡고 있다. 오랜 과거에는 남강 물줄기가 이 고립 구릉들을 시계 반대 방향으로 돌아서 흘렀을 거라는 상상을 쉽게 할 수 있을 정도로, 이곳은 전형적인 구하도 지형에 해당한다. 이곳 하천 양안에 형성된 범람원과 마찬가지로 하천 중·하류 구간의 구하도 역시 대부분 경작지로 개간되었다. 자세히 보면 구하도 가운데 마을 남쪽으로 운동장과 조그만 학교 건물이 보이는데 이곳이 그 유명한 지수초등학교다. 한 학년에 한 반을 겨우 유지하는 학교지만, 배출한 동문들 중에는 우리나라 굴지의 기업 삼성, LG, 그리고 효성그룹의 창업자가 포함되어 있다.

촬영: 2012년 05월

남한산성
수도권 천혜의 요새

남한산성은 경기도 광주시 중부면 산성리에 위치하며, 조선 시대 수도 한양의 동남쪽을 지키던 중요한 요새였다. 사진에서 보듯이 산성으로 둘러싸인 곳의 중앙부는 과거 남한산성의 수어청, 관아, 창고, 그리고 행궁 등의 각종 부대시설이 있던 곳이며, 산 정상부임에도 불구하고 전체적으로 평탄하다. 이와 같은 지형을 지리학에서는 고위 평탄면이라 하는데, 우리나라에서 산성이 입지하고 있는 곳 대부분이 이러한 지형적 특성을 지니고 있다. 산성 내부는 평탄해서 많은 병력과 각종 부대시설이 들어설 수 있었고, 산성 바깥쪽은 경사가 급해서 주변을 살피고 적의 공격을 막기에 효과적이었다. 또한 이곳은 청량산(497.9m), 연주봉(467.6m), 망월봉(502m), 벌봉(515m) 등 산성으로 이어지는 봉우리들에서 발원한 계곡 물을 공급받을 수 있어, 사시사철 물이 마르지 않는 요새지로서 최적의 요건을 갖출 수 있었다.

최근에 남한산성 자리가 원래 신라 시대 주장성, 고려 시대 광주성이었다는 사실이 밝혀졌다. 오늘날과 같은 형태가 완성된 것은 후금의 위협을 받고 이괄의 난을 겪은 뒤인 1624년(인조 2년)이다. 남한산성은 조선에서 방어가 가장 완벽한 산성이었음에도 불구하고 뼈아픈 역사를 간직하고 있다. 1636년 청군의 침입을 받자 인조는 문무백관을 데리고 남한산성으로 피신했으나, 중과부적으로 제대로 싸워 보지도 못하고 45일 만에 항복하고 말았다. 인조는 산성 서문을 나와 한강 동편 삼전도(三田渡)에서 성하(城下)의 맹(盟)의 예를 행한 뒤 한강을 건너 한양으로 돌아왔다. 이후 조선은 명과의 관계를 끊고 청에 복속되었으며, 이러한 관계는 1895년 청일 전쟁에서 청이 일본에 패할 때까지 계속되었다. 한편 남한산성은 역사적, 문화적 가치를 높게 인정받아 2014년 6월 카타르 도하에서 열린 유네스코 총회에서 세계문화유산으로 등재되었다.

촬영: 2012년 03월

남해 다랭이마을
거친 자연환경을 극복하려는 조상들의 지혜

경상남도 남해군 남면에서도 가장 남쪽 끝, 외해로 열려 있는 곳에 위치한 가천마을은 사진에서 보듯이 해안가 급경사 절벽 위 좁은 경사지에 자리 잡고 있다. 얼핏 바닷가에 있다는 이유만으로 어촌을 연상할 수 있으나, 실제로는 흙에 기대어 살아가는 전형적인 농촌이다. 앞바다는 물살이 세고 연중 강한 바람이 불어 배를 댈 수 있는 선착장을 만들기도 어렵고 넓은 양식장을 확보하기도 어렵기 때문에 어업보다는 농업에 의존할 수밖에 없었다. 하지만 절벽 위의 경사가 만만치 않아 농사짓기도 쉽지 않았다. 그럼에도 불구하고 따뜻하고 강수량이 풍부하다는 기후적 장점 때문에 불리한 지형 조건을 극복하려는 조상들의 지혜가 모여 현재의 다랑이 경관이 만들어졌다.

'다랭이' 혹은 '다랑이'란 비탈진 산골짜기에 여러 층으로 겹겹이 만든 좁고 기다란 논배미로 흔히 계단식 논이라고 한다. 이곳 다랑논들은 돌을 모아 축대를 쌓고 그 안을 흙으로 메우는 고단한 축성 작업의 결과이다. 현재 가천마을에서는 108개의 계단이 확인되며, 논두렁이 아름다운 곡선을 이룬 크고 작은 680여 개의 다랑논이 펼쳐져 있다. 봄과 여름에는 벼농사를 짓고 가을과 겨울에는 마늘 농사를 짓고 있지만, 주민들이 점차 고령화되고 기계식 영농이 불가능해 향후 전망이 밝은 것만은 아니다. 하지만 이들 곡선이 만들어 내는 다랑논의 아름다운 경관은 국가지정문화재 명승 제15호로 지정되었다. 최근에는 관광객들의 발길도 찾아 휴일에는 주변에 주차가 어려울 지경이다.

촬영: 2011년 10월

다랑쉬오름

현대사의 아픔을 간직한 오름의 여왕

오름 왕국 구좌읍에서도 오름의 여왕은 단연 다랑쉬오름이다. 한자로는 월랑봉이라 쓰기도 한다. 해발 고도는 382m, 실제 오르기 위해 극복해야 하는 높이, 즉 비고는 227m로 그리 녹록하지 않은 높이를 자랑한다. 다랑쉬오름이 오름의 여왕으로 불리는 것에 관한 정확한 근거나 연원은 밝혀지지 않았다. 하지만 나름대로 이유를 붙여 본다면 오름이 즐비한 구좌 지역에서도 누구에게도 뒤지지 않는 높이와 가지런한 형태, 그리고 균형 잡힌 몸매 때문일 것이다. 또한 정상의 분화구는 원형에 가깝고, 그 둘레와 깊이가 백록담에 버금가기 때문이 아닐까 한다. 한편 다랑쉬오름은 자신의 축소판인 아끈다랑쉬오름을 동반한 것으로도 유명하다. 제법 가쁜 숨을 몰아쉬며 힘들여 다랑쉬를 오르면 멀리 성산 일출봉부터 가까이는 용눈이오름, 손자오름까지 많은 오름들이 여왕을 모시고 있듯이 둘러싸고 있다.

다랑쉬란 오름에 떠오른 쟁반 같은 달이 아름답다 하여 붙여진 이름이라 한다. 하지만 다랑쉬오름은 그 아름다움 속에 가슴 아픈 사연을 간직하고 있다. 제주뿐만 아니라 우리의 근현대사에서 가슴 아픈 일 중의 하나인 제주 4·3사건(제주4·3평화공원에 가면 아직 이 일을 어떻게 불러야 좋은지 정확하게 정해진 게 없다고 밝히고 있다) 당시, 인근 다랑쉬 마을 주민이 숨어 있다 희생당한 다랑쉬 동굴이 이곳에 있다. 해방 정국과 한국 전쟁 전후로 진행된 여러 사건들과 관련된 희생이지만, 1992년에 발견된 다랑쉬 동굴은 늦은 발견만큼이나 더 진한 안타까움을 전한다. 현재 제주4·3평화공원에 가면 현장이 그대로 복원되어 있다. 다랑쉬오름에는 이곳 경관에 너무나 어울리지 않는 동글동글한 공 모양으로 짓다 만 리조트가 보이는데, 항공사진 상으로도 다랑쉬오름 바로 남쪽에 점점이 찍혀 있다.

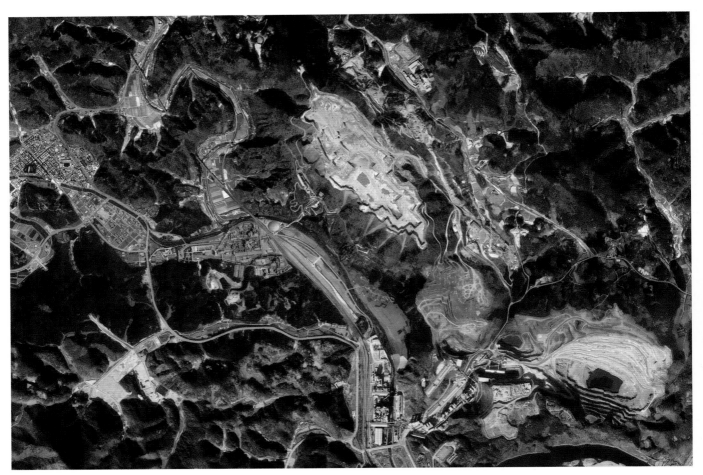

촬영: 2011년 12월

단양 매포 석회암 광산

노천 채굴이 이루어지고 있는

단양군청이 있는 단양읍으로 가려면 중앙고속도로 단양 인터체인지나 북단양 인터체인지를 이용해야 하는데, 북쪽에서 내려오는 차는 북단양 인터체인지, 남쪽에서 올라가는 차는 단양 인터체인지를 이용하게 된다. 그런데 두 곳 모두 단양읍에서 멀다. 사진에 나와 있는 곳은 단양군 매포읍으로 북단양에서 가깝다. 단양을 대표하는 절경 도담삼봉도 바로 근처다. 사진을 처음 보면 '이 무슨 해괴망측한 그림인가?' 하고 놀라는 경우도 있을 법하다. 왜냐하면 뽕밭이 푸른 바다로 바뀌는 정도는 아니라도 멀쩡한 산 하나가 지하에 만들어 놓은 거대한 경기장처럼 바뀌어 있기 때문이다. 우리나라에서 비교적 풍부한 지하자원 중 하나인 석회암 광산의 모습이다. 석탄이나 다른 지하자원들은 갱도를 파고 들어가서 원석을 캐기 때문에 겉으로는 멀쩡하다. 하지만 그 내부로는 상상할 수 없을 만큼 긴 갱도가 엄청난 깊이까지 내려간다.

석회암 광산은 갱도를 파는 게 아니라 산 자체를 허물어 버린다. 우리나라의 석회암 분포 지역은 경상북도 북부 지역과 충청북도 단양, 제천 그리고 강원도 영월, 정선 그리고 태백산맥 넘어 동해, 삼척 해안까지 이어진다. 우리는 이러한 석회암 분포 지역으로 여행을 떠나 석회암 동굴 속으로 들어가서는 신비롭고, 다양한 지형들을 즐기고 온다. 그러나 석회암 분포 지역에는 사진과 같은 지형 경관 변화도 이루어지고 있다. 쌍용그룹의 모태가 된 영월의 쌍용리와 삼척시 인근의 산지를 항공사진으로 살펴보면 어렵지 않게 이러한 경관을 발견할 수 있다. 산 하나가 완전히 사라져 평지도 아닌 거대한 구덩이로 바뀌는 걸 두고 경제적 논리와 환경적 논리 중 어느 것이 옳은지는 여기서 논할 계제가 아니다. 다만 이미 진행된 광산 개발지에 대해서는 사후 합리적인 조치를 통해 현명한 토지 이용이 이루어져야 할 것이다.

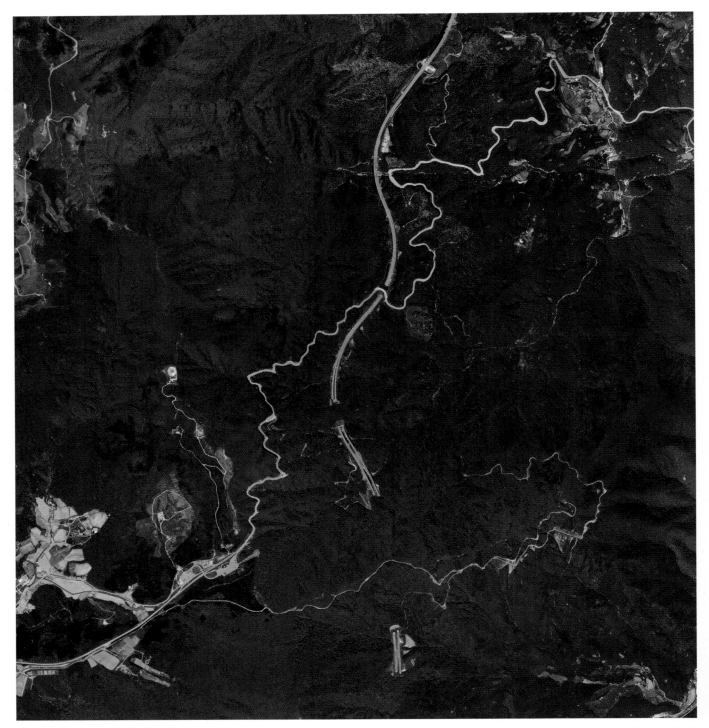

촬영: 2012년 05월

대관령 고갯길

영동고속도로, 456번 지방도, 대관령 옛길이 지나는

강원도는 태백산맥을 사이에 두고 영동 지방과 영서 지방으로 나누어져 있는데, 과거에는 교통수단이 미비하여 두 지역 간 왕래가 뜸했다. 특히 영동 지방은 태백산맥으로 가로막혀 타 지역과의 인적, 물적 교역이 어려웠는데, 이러한 지역 간 이동의 어려움을 해결하고자 이전부터 태백산맥의 낮은 안부들을 지나는 도로가 생겨났다. 북쪽으로부터 진부령, 미시령, 한계령, 대관령이 그것들인데, 가장 대표적인 고갯길이 대관령을 넘는 길이다. 사진 하단에 희미하게 보이는 도로가 대관령 옛길이며, 남북 방향으로 두 개의 터널(대관령터널)로 이어진 도로가 현재의 영동고속도로이다. 2001년 횡계 인터체인지와 강릉 분기점 사이 4차선 고속도로가 완공되면서, 사진 하단 왼편에 있는 과거 대관령 인터체인지와 연결되던 영동고속도로는 456번 지방도로 바뀌었다.

대관령 옛길은 강릉시 성산면과 평창군 대관령면 사이를 연결하는 고갯길로 강원도의 영동과 영서 지방을 연결하는 가장 오래된 고갯길이다. 신사임당이 어린 율곡의 손을 잡고 멀리 강릉에 계시는 친정어머니를 그리며 걷던 길이다. 송강 정철은 이 길을 오가며 「관동별곡」을 썼고, 김홍도는 이 길의 풍광에 반해 그림으로 남기기도 했다. 원래는 사람만 다닐 수 있었던 오솔길이었는데 조선 1512년(중종 6년) 강원도 관찰사로 부임했던 고형산이 우마차가 다닐 수 있게 정비하면서 현재의 대관령 옛길의 모습이 갖추어졌다. 수려한 자연 경관과 옛길의 원형이 잘 보존되어 있어 2010년 국가지정문화재 명승 제74호로 지정되었다. 2006년에는 건설교통부에서 지정한 '우리나라 아름다운 길 100선'에 선정된 바 있다.

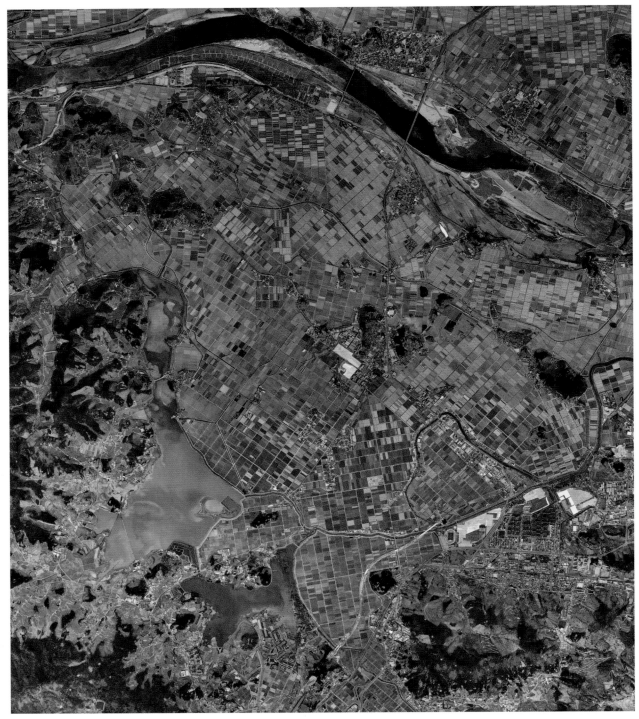

촬영: 2010년 02월

대산평야와 주남저수지
똥뫼와 똥뫼를 연결하여 완성된

경상남도 창원시 의창구 대산면과 동읍, 그리고 김해시 진영읍에 걸쳐 있는 대산평야와 주남저수지의 모습이다. 사진 위쪽 서쪽에서 동쪽으로 흐르는 하천이 낙동강 본류이고, 그 아래쪽은 낙동강의 범람원에 해당한다. 그리고 사진 아래쪽에는 주남저수지의 동북쪽에서 낙동강으로 이어지는 주천강이 보인다. 범람원에서 상대적으로 배수가 원활하지 못한 곳에는 배후 습지가 형성된다. 대산평야의 경우 사진의 남서쪽 산지 주변으로 배후습지가 군데군데 형성되어 있었는데, 이러한 습지의 둘레를 둑으로 둘러막아 주남저수지를 만들었다. 1912년 일본인 무라이(村井)는 이곳에 자신의 이름을 딴 촌정농장(村井農場)을 설립하고 본격적으로 개발을 시작하였다. 이곳에서 '똥뫼'라고 불리는 작은 고립 구릉들을 연결하여 인공 제방을 쌓고 주남저수지를 조성함으로써 대산평야의 대부분 지역이 농경지로 개간되었다.

사진에서 똥뫼와 똥뫼를 연결하는 직선 형태의 제방을 확인할 수 있는데, 이것이 촌정제방이며 대산평야의 마을들은 이 제방을 따라 줄지어 자리 잡은 열촌의 형태를 보여 주고 있다. 현재의 사진으로는 대산평야의 모든 지역이 논으로 확인되지만, 과거에는 낙동강 본류와 똥뫼를 연결한 촌정제방 사이가 모두 밭으로 이용되었다. 왜냐하면 지형학적으로 배후습지가 형성되는 범람원 내부보다 하천 바로 바깥쪽이 상대적으로 고도가 높아 용수 공급이 원활하지 않기 때문이다. 하지만 사진 좌상단, 즉 대산평야의 최상류 쪽에 있는 본포양수장에서 양수한 물로 이 지역을 관개하면서 이 지역 역시 논으로 개간되었다. 주남저수지는 본래 자연 습지가 형성된 곳에 조성되었기에 홍수가 발생하면 주변 경작지로부터 배수가 이루어지며, 갈수기에는 주변 농지에 농업용수를 공급한다.

촬영: 2013년 04월

도곡동 타워팰리스

우리나라 아파트 주거 문화의 절정

부동산 투기, 배타적 공동체 문화 형성 등 우리나라 아파트 주거 문화의 절정을 이룬 도곡동 타워팰리스는 우연한 계기로 만들어졌다. 1994년 삼성 그룹은 현재 타워팰리스가 있는 서울특별시 강남구 도곡동에 102층짜리 초고층 건물을 지어 본사 건물로 사용할 예정이었다. 하지만 이 계획은 1997년 말 외환 위기로 국가 부도 상황에 빠지면서 수정이 불가피해졌고, 삼성 그룹 역시 경영 위기에 직면했다. 결국 막대한 자금을 투입하는 사옥 건립을 포기하고, 분양을 통해 현금을 확보할 수 있는 주상 복합 아파트를 건설한다는 계획을 세우게 된다. 이리하여 2002년 1차 4동 1,297가구, 2003년 2차 2동 813가구, 2004년 3차 1동 480가구를 수용하는 주상 복합 초고층 아파트가 건립되었다. 세대 면적은 105m²부터 340m²까지 다양하며, 연회장, 게스트룸, 체육 시설, 옥외 정원, 독서실, 주민 취미실, 유아 놀이방, 수영장, 골프 연습장, 샤워장 등 다양한 주민 편의 시설을 갖추었다.

사진에서 보듯이 타워팰리스는 블록 전체가 아니라, 남동쪽에 있는 7개 고층 건물을 말하며 북서쪽으로 군인공제회를 비롯해 여러 주상 복합 건물들이 들어서 있다. 타워팰리스는 이제 전국에서 가장 높은 아파트는 아니지만 여전히 그 이름이 가지는 상징성은 상당하다. 타워팰리스가 들어서 있는 블록은 북쪽으로 남부순환로, 서쪽으로 언주로, 동쪽으로는 선릉로가 지나며, 남부순환로와 선릉로가 만나는 도곡사거리에는 지하철 3호선 도곡역과 분당선 도곡역이 교차하고 있어 교통이 편리하다. 또한 초·중·고등학교가 가까이 있으며, 양재천과 도곡공원 및 늘벗공원이 이웃하고 있다는 점 등이 크게 작용하여 강남 지역 고소득층의 최고급 주거 수요를 이 지역으로 유도하는 기폭제 역할을 하면서 우리나라 아파트 주거 문화의 상징으로 자리 잡았다.

촬영: 2011년 05월

독립기념관

'3·1 운동' 시발지에 세워진

우리 근대사에서 '독립'이라는 용어는 일제 강점기라는 아픈 역사를 암시하면서, 동시에 조상들의 독립 의지와 그 결과인 대한민국 건국을 전 세계에 공포하는 것을 의미한다. 특히 1919년에 일어난 3·1 운동은 온 민족이 일제 강점의 부당함을 알린 거국적인 독립 운동이었다. 우리 민족의 자주 독립 의지와 역량을 전 세계에 알리는 기회가 되었을 뿐만 아니라 우리 민족 스스로에게 독립에 대한 강한 희망과 자신감을 심어 주었다. 그 결과 그해 대한민국 임시 정부가 수립되었고, 만주와 연해주 지역 독립군 단체들의 항일 무장 투쟁이 촉발되었다. 1987년, 이러한 3·1 운동의 역사적 상징성을 담아 그 시발지였던 이곳 천안에 독립기념관이 세워졌다.

독립기념관은 7개 전시실과 입체영상실을 비롯하여 주변의 대형 조형물들이 십자형과 좌우 대칭형 구도를 띠고 있다. 특히 종단 축이 매우 강조되어 있는 점이 특징이다. 관람객들이 독립기념관을 찾게 되면 자연스레 긴 종단 구도를 따라 발걸음을 옮기게 된다. 정문에서부터 중심 건물인 '겨레의집'에 이르기까지 거리를 둠으로써 가벼운 마음보다는 다소 엄숙함과 경건함을 갖게 하는 공간 배치인 것이다. 독립기념관 주변으로 시선을 넓히면, 독립기념관은 종단 축 북서 방향에 있는 흑성산의 품에 안겨 있는 모습임을 알 수 있다. 흑성산에는 흑성산성이 축조되어 있으며 이곳에서 조망하는 독립기념관은 풍경 사진의 대상으로는 일품이다.

촬영: 2012년 05월

동강 광하리 구하도
정선 병방치 스카이워크에서 볼 수 있는

이 사진은 강원도 정선군 정선읍 광하리 구하도 구간을 촬영한 것이다. 사진 우측에는 북쪽에서 남쪽으로 흐르는 동강이 있다. 이 구간은 정선읍을 막 지나 서쪽으로 흘러내려 가는 부분에 해당한다. 사진에 말발굽 모양으로 잘 정리된 농경지가 보인다. 그리고 이 농경지가 에워싼 구릉지를 등지고 작은 마을이 자리 잡고 있다. 이 마을이 정선군 정선읍 광하리이다. 정선읍에서 미탄면을 지나 평창읍으로 연결되는 42번 국도가 바로 광하리 북쪽을 통과한다. 사진 오른편으로 뻗어 나간 구릉지는 항공사진에서는 마치 목젖 모양처럼 보이지만 강 건너편 산에서 내려다보면 흡사 한반도 지형처럼 보인다. 바로 정선의 한반도 지형이다. 정선군에서 이곳 병방치에 스카이워크를 만들면서, 한반도 지형을 보다 확연하게 관찰할 수 있게 되었다. 한반도 지형은 정선과 인접한 영월군 선암마을에서도 볼 수 있다.

동강은 정선군을 시종일관 구불구불 흐르면서 다양한 지형 경관을 만들어 놓았다. 곡류하는 하천은 오랜 세월을 거치면서 물줄기를 다른 곳으로 옮기기도 하는데, 이런 과정에서 과거 하천은 구하도의 형태로 남는다. 광하리 마을은 과거 동강이 흘렀으나 지금은 강줄기가 다른 방향으로 이동함으로써 남겨진 하도, 즉 구하도 구간 가운데에 자리 잡고 있다. 구하도 구간은 산간 지역에서는 농경지로 최적의 조건을 갖추고 있기에 이곳 역시 농경지로 개간되었다. 항공사진을 통해 보면 잘 정리된 농경지가 독특한 기하학적 형태를 나타낸다. 광하리에서 하류로 이어지는 정선군 정선읍 굴암리, 가수리 지역은 석회암으로 이루어진 협곡을 따라 내려가는 동강 래프팅으로 유명하다. 정선은 바뀌고 있다. 접근이 어려워 때 묻지 않은 채 남아 있는 자연환경 그리고 레일바이크로 변신한 과거 석탄 수송용 철로 등은 이제 훌륭한 관광 자원으로 각광을 받고 있다.

촬영: 2013년 11월

동탄 신도시

026

'친환경 개발' 신도시

사진에서 보듯이 동탄 신도시는 흔히 볼 수 있는 직교상 가로망 경관과는 달리 반석산을 경관 초점으로 하여 환상 구조를 이루고 있다. 이와 같은 환상 구조는 최근 개발되고 있는 신도시 경관의 새로운 특징이다. 산이나 호수와 같은 특정 자연 지형을 중심으로 도시 구조를 계획하거나 평지에서 점진적인 도시 확장이 예상될 경우, 주변 지역과의 연결성을 고려한다면 이러한 방사상의 환상 구조가 가능하다. 방사상 도로망과 환상 도로망이 만나는 곳에 도심 기능, 즉 각종 서비스 시설을 배치하면 모든 지역에서 접근이 용이하다.

동탄 신도시에서는 센트럴파크가 도심부에 해당한다. 이 공원을 중심으로 하여 각종 서비스 시설 및 아파트, 주상 복합 단지, 단독 주택, 타운하우스 등의 주거지와 공원이 들어서 있는데, 도심 주변에는 고밀도 주거지가, 구릉지에는 저밀도 주거지가 배치되어 있다. 북쪽으로는 삼성전자를 중심으로 한 산업단지가 자리 잡고 있다. 또한 '친환경 개발'을 목표로 개발한 동탄 신도시는 자연 지형과 조화를 이루는 도시 구조를 보인다. 반석산과 그 옆으로 흐르는 오산천의 생태 환경을 최대한 보존하면서 기존 녹지 체계를 최대한 살리기 위해 반석산에서 구봉산으로 이어지는 동서 녹지 축을 만들었고, 이를 중심으로 방사형의 녹지 네트워크를 구축하였다.

촬영: 2011년 09월

득량만 간척지
일제 강점기 수탈의 역사를 담고 있는

사진은 보성군 득량면과 조성면에 조성된 대규모 간척지를 보여 주고 있다. 보성만 일대 간척 사업은 일제 강점기인 1930년에 시작되어 9년 만에 마무리되었다. 산미 증식 계획의 일환으로 전개된 이 사업은 보성흥업회사라는 개인 회사가 주도한 것으로, 간척 사업과 함께 수원을 확보하기 위해 유역 변경식 수력 발전소 건설이 동시에 진행되었다. 득량천과 조성천의 유량만으로는 광활한 면적의 간척지를 완전히 관개할 수 없었기 때문에 섬진강의 지류인 보성강에 댐을 축조한 후 터널을 뚫어 유역 변경식 수력 발전소를 건설하였고, 이를 통해 간척지의 용수 문제를 해결하였다. 따라서 보성강발전소는 보성강 물은 이용하지만, 보성강 유역 밖에 위치해 있는 것이 특징이다. 지금도 보성강발전소는 운영되고 있으며, 덕분에 대부분의 간척지에서 나타나는 갈수기의 염 피해는 이곳 득량만 간척지에서는 거의 볼 수 없다. 이곳에서 생산되는 보성쌀은 지력 좋은 간척지, 맑은 보성강 물과 따뜻한 해풍, 그리고 주변의 청정 환경의 영향으로 밥맛 좋은 쌀로 인정받고 있다.

방조제 축조를 위한 석재는 사진 왼쪽 하단에 살짝 걸친 오봉산에서 획득하였다. 이곳 석재는 한때 구들장으로 인기가 높아 전국으로 팔려 나가기도 했지만, 작업의 고단함은 간척 공사의 그것에 비할 바 아니었다. 사진을 보면 간척지 곳곳에서 간척 주체의 의도를 확인할 수 있다. 반듯하게 정리된 경지와 열촌식 가옥 구조가 그 하나이고, 수탈한 쌀을 목포까지 운반하기 위한 경전선이 부설되고 마을의 중심지가 역 주변으로 집중된 것이 다른 하나이다. 또한 거미줄처럼 빽빽하게 늘어선 수로를 발견할 수 있는데, 이는 농경지에 분배되는 물의 형평성을 유지하기 위함이다. 간척이란 자연과의 끝없는 싸움에서 얻은 땀의 결과물이다. 일제 강점기 이곳 간척지에서 자행된 식량 수탈과 노동력 착취로 고단한 삶을 이어 간 사람들은 이제 기억 저편으로 사라져 버렸지만, 조성역, 예당역, 오봉산 그리고 득량만 방조제는 그 당시의 모습을 간직한 채 여전히 그 자리에 남아 있다.

촬영: 2013년 09월

렛츠런파크 서울

도시민의 여가 활동이냐, 사행성 조장이냐? 두 얼굴을 가진

우리나라 최초의 경마장은 1928년 신설동에 개장된 경성경마장이며, 1954년 서울경마장으로 그 이름이 바뀌었다. 서울경마장을 뚝섬으로 옮긴 것은 1954년이며, 1988년 서울올림픽을 대비하여 이곳 과천에 경마장을 건설하였다. 1989년부터 공식으로 개장하였으며, 서울경마공원으로 이름이 바뀐 것은 1998년이다. 2014년에는 다시 렛츠런파크로 그 이름을 바꾸었는데, 여기에는 경마가 주는 부정적인 인식을 줄이고 경마장을 온가족이 즐길 수 있는 문화 시설로 가꾸고자 하는 한국마사회의 의도가 담겨 있다. 렛츠런파크 서울은 지하철 4호선 경마공원역 동편에 있으며, 그 반대편에는 국립과천과학원이 넓게 자리 잡고 있다.

렛츠런파크 서울의 경주로는 크게 타원형의 길이 1,800m의 외주로와 1,600m의 내주로 그리고 각 코너에 있는 보조주로로 이루어져 있다. 관람대 앞 외주로의 폭은 30m이고 나머지 구간은 25m이다. 경주로는 평면으로 보이지만 결승선 직선 주로인 제4코너에서 결승선까지는 2m의 오르막이 있으며, 바닥은 평균 7cm 두께의 바다 모래가 깔려 있다. 오른쪽 붉은 지붕 건물들은 마사이며, 아래쪽 녹색 지붕 건물들에는 마사를 비롯한 각종 부대시설이 입지해 있다. 현재 국내에서 개장 중인 경마장은 렛츠런파크 제주와 렛츠런파크 부산경남이며, 2016년에 렛츠런파크 영천이 개장될 예정이다.

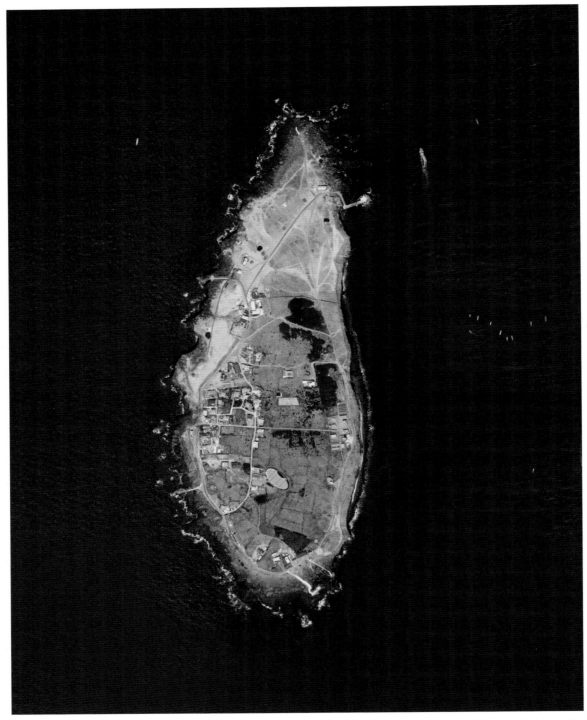

마라도
국토 최남단 작은 섬

마라도는 우리나라 최남단에 위치한 0.3km²의 작은 섬이다. 제주도 모슬포항에서부터 약 11km 정도 떨어져 있으며, 그 사이에는 가파도가 있다. 1883년 4~5세대가 정착하면서 유인도가 되었는데, 현재는 약 100여 명의 주민들이 거주하고 있다. 멀리서 보면 커다란 배 한 척이 정박해 있는 것 같은 모습이어서, 우리 국토의 최남단을 지키는 항공모함을 연상케 한다. 모슬포항과 송악산 옆 유람선 선착장에서 출발한 여객선이 섬의 서쪽 중·상단에 있는 자리덕 선착장에 관광객들을 내려놓으면, 좁은 섬을 한 바퀴 둘러본 관광객들은 1~2시간 만에 제주로 가는 배에 다시 오른다. 많은 이들의 기대나 상상과는 달리 특별한 볼거리는 없다.

마라도의 개척 당시 이곳에는 삼림이 우거졌으나, 사람들의 이주가 이루어지고 개간하는 과정에서 불타 초지로 바뀌었다. 마라도는 등대가 있는 남동쪽이 약간 높을 뿐 전체적으로 평탄하지만 주민들은 농사짓지 않는다. 전복, 소라, 톳, 미역 등을 채취하고, 주로 민박을 열어 소득을 올린다. 물은 빗물을 여과해 사용하며, 전기는 태양광을 이용해 발전한다. 민박집 이외에도 짜장면, 짬뽕 등을 판매하는 음식점이 여럿 보이는데, 짧은 관광 일정과 별다른 볼거리가 없는 곳에서 나타난 틈새 관광 상품으로 볼 수 있다.

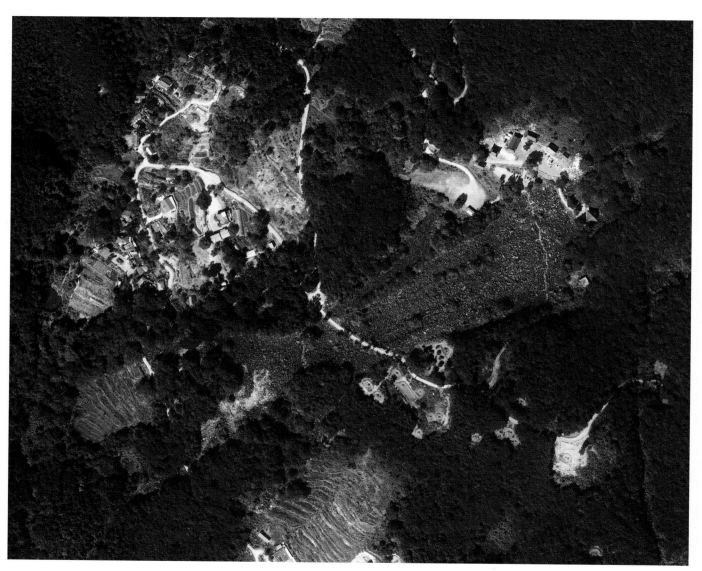

촬영: 2011년 10월

만어사 암괴류
강물처럼 흐르는 초콜릿색 바위들

경상남도 밀양시 삼랑진읍 만어산 만어사의 암괴류를 촬영한 항공사진이다. 항공사진은 수직으로 지표면을 내려다보고 촬영하기 때문에 경사진 사면을 따라 형성된 경관도 평면에 펼쳐진 것처럼 보일 수 있다. 따라서 암괴류와 같은 지형을 볼 때면 주의가 필요하다. 이를테면 사진 오른쪽의 만어사가 대략 해발 500m에 위치해 있고, 사진 왼쪽 암괴류의 끝 부분이 대략 해발 350m로 약 150m 정도의 고도 차이가 난다. 한편 사진에서 두 지점 사이의 거리가 약 450m라 보면 두 지점 간 경사는 18°가량 된다. 즉 18° 정도의 경사면에 길이 500m, 폭 110m로 암괴들이 쏟아져 흐르고 있다는 이야기다. 자세히 보면 사람 키만한 바위들이 정말 강물 흐르듯 쏟아져 내리는 모습이다. 그래서 지리학에서는 암괴류라 부른다.

신비함의 정도가 클수록 그 신비함을 설명하기 위해 많은 이야기가 전해져 내려온다. 만어사 암괴류 역시 그 규모만큼이나 다양한 이야기가 전해져 오지만 지리학적으로는 땅속에서 풍화 작용에 의해 수많은 암괴들이 만들어지고 이것들이 빙하기에 토양과 섞인 채 느린 속도로 사면을 따라 흐르다 멈춘 후, 빙하기에 이어 간빙기에 이르면 강수량이 증가함에 따라 암괴 사이사이의 토양이 씻겨 나가고 암괴만 남은 것으로 설명한다. 대구의 비슬산과 부산 범어사 뒤 금정산 자락에도 암괴류 지형이 넓게 나타난다. 만어사 암괴류는 두들기면 맑은 종소리가 나는 것들이 많아 '만어사 경석'이라고 불리는데, 신비로움을 더해 주는 이 현상은 암괴를 이루는 화강암의 성분 차이에서 비롯된 것이다.

촬영: 2012년 05월

매봉산 고랭지 채소 재배단지

우리나라에서 가장 높은 배추밭

매봉산에는 '바람의 언덕'이라고 불리는 국내 최대 규모의 고랭지 배추밭과 풍력 발전 단지가 들어서 있다. 고위 평탄면이라는 지형적 조건과 고랭지 배추 재배라는 독특한 토지 이용이 결합된 곳이라 오래전부터 지리학자들의 관심을 받아 왔다. 최근 여러 매스컴을 통해 소개되면서 관광객들의 발길이 잦아지고 있다. 높은 산의 맑은 공기 와 오염되지 않은 물을 연상해 이곳에서 생산되는 배추가 유기농 청정 배추일 것으로 착각해서는 곤란하다. 낮은 기온과 불순한 기상 조건 그리고 척박한 토지이기 때문에 병충해가 잦아 어느 곳보다도 농약과 비료 투입량이 많 은 곳이다. 단지 다른 지역에 비해 일찍 수확할 수 있다는 상대적 이점을 가지고 있을 뿐이다.

사진에서 경작지의 좌하단은 낙동강과 한강의 분수계로 주변에서 고도가 가장 높은 곳이다. 또한 그 아래 있는 삼 수령은 낙동강, 한강, 오십천이 나누어지는 곳이며, 백두대간에서 낙동정맥이 갈라지는 곳이기도 하다. 이곳 능선 (분수계)에는 17기의 풍력 발전기가 설치되어 있는데, 사진에서도 확인이 가능하다. 이곳의 평균 풍속은 약 7.3m/s 로, 4~5m/s가 주를 이루는 국내 다른 풍력 발전소에 비해 강한 바람을 활용할 수 있는 이점을 가지고 있다. 그러 나 고랭지 농업을 위한 경작지 개간과 도로 개설, 풍력 발전 단지 조성을 위한 벌목 등으로 생태계 파괴가 우려되 고 있다. 특히 관광지로 알려지면서 방문객과 교통량이 급증하고 있는 현실에서, 생태계 보전이라는 과제와 개발 을 어떻게 연계시켜 나갈지에 대한 고민이 필요하다.

촬영: 2013년 09월

몽촌토성과 올림픽공원
유적지와 스포츠 시설이 시민의 품속으로

몽촌토성은 백제가 한강 유역에 고대 국가로서의 기틀을 마련하던 3~4세기경에 쌓은 토성이다. 고구려의 남진으로 이곳이 함락되고 웅진으로 천도한 475년까지 도성의 역할을 한 것으로 알려져 있다. 이곳 몽촌토성은 남동쪽에 있는 남한산성에서 뻗어 내려온 구릉지에 지형을 이용하여 내성과 외성을 쌓은 독특한 이중 구조이다. 또한 성 외곽에 해자를 두어 외적의 침입을 막기 위한 지혜를 발휘하였다. 사진에서 보듯이 몽촌토성은 사방이 도로로 둘러싸인 올림픽공원 안에 있으며, 2.4km에 달하는 개활지 가장자리 산책로가 몽촌토성의 성곽이 있던 곳이다. 자연 해자인 성내천이 북쪽을 둘러싸며 지나고 있고, 성 왼편 바깥쪽에 있는 호수는 과거 해자가 있던 곳을 복원한 것이다.

올림픽공원은 몽촌토성의 발굴과 올림픽보조경기장 건설로 1986년 새롭게 만들어진 공원이다. 공원 내에는 서울 올림픽기념관, 미술관, 몽촌역사관, 야외조각전시장 등이 있으며, 현재 경륜장으로 이용되는 벨로드롬과 펜싱경기장, 체조경기장, 역도경기장, 테니스경기장, 수영장 등 각종 실내 경기장이 있다. 또한 우리나라 엘리트 스포츠의 산실인 한국체육대학교가 성내천을 사이에 두고 바로 옆에 위치한다. 1980년대 조성될 당시만 해도 서울의 외곽 변두리였던 올림픽공원이 이제는 도심 한가운데 있어 시민들이 즐겨 찾는 시민 공원이 되었을 뿐만 아니라 체육, 문화, 예술, 역사, 교육, 휴식 등 다양한 용도로 이용되는 종합 공원이 되었다. 한편 사진 오른쪽 하단에 있는 방사상 건물군은 올림픽선수기자촌아파트이다.

촬영: 2011년 04월

무안국제공항

한반도 서남부 항공 교통의 허브

무안국제공항은 1993년 아시아나항공 733편의 추락 이후 목포공항 국내선과 광주공항 국제선의 대체 공항으로 건설되었다. 1999년 착공되어 2007년 11월 개항하였으며, 무안군 망운면 258만m² 부지에 2,800×45m 크기의 활주로 1개를 갖추고 있다. 제주, 상하이, 베이징 등 3개의 정기 노선과 오사카, 마카오, 타이베이, 방콕, 장자제, 하네다, 다낭, 세부, 삿포로, 울란바토르 등의 부정기 노선이 운항되고 있다. 하지만 무안국제공항은 당초 예상 수요에 턱없이 모자라는 이용객 때문에 적자를 면치 못하고 있으며, 이를 해소하기 위한 각종 활성화 방안이 제시되고는 있지만 큰 효과를 거두지 못하고 있다. 더군다나 공항 명칭 문제, 광주공항과의 통합, 광주공항의 국내선 이전 요구, 군산공항의 국제선 신설, 호남선 KTX 운행으로 인한 국제선 수요 감소 등 수많은 난제에 휩싸여 지역 간 갈등의 빌미를 제공하고 있다.

가장 가까운 대도시인 광주광역시에서 이곳 무안국제공항에 가려면 무안광주고속도로를 이용해야 하는데, 대략 50km 거리에 소요 시간은 40분 정도이다. 목포에서도 이와 비슷한 정도의 거리와 시간이 소요된다. 국제공항까지의 거리로는 그다지 멀지 않다고 생각할 수 있다. 하지만 목포와 광주 시역을 벗어나면 도로 주변에는 사진에서 보는 것과 같이 소규모 밭들이 모자이크처럼 불규칙하게 배열된 농촌 경관이 끝없이 펼쳐진다. 국제공항을 부양하기에는 배후지의 경제 규모가 턱없이 부족함을 실감할 수 있다. 게다가 서해안을 따라 고속도로, KTX 등 각종 인프라가 구축되면서 주변 도시에서 서울로의 접근성은 더욱 향상되고 있다. 결국 이 모든 것은 잘못된 수요 예측과 무리한 투자 강행이 빚어낸 결과로, 그 피해는 고스란히 국민의 몫이 되고 있다.

촬영: 2013년 03월

미륵도 가두리 양식장

034

잔잔한 파도, 따뜻한 수온, 청정 해안에 위치한

미륵도는 원래 통영과 육계사주로 연결되던 섬이었다. 만조 시에는 물이 들어오지만 간조 시에는 걸어서 건널 수 있었다고 한다. 하지만 1932년 해협을 굴착해서 통영운하를 만들면서 부산—여수 간 항로가 이곳을 통과하게 되었고, 현재도 많은 선박들이 이 운하를 이용하고 있다. 당시 해협을 굴착하면서 해저에는 길이 461m의 해저 터널을 설치하였는데, 현재 통영의 중요 관광지 중 하나인 충무해저터널이 바로 그것이다. 미륵도는 1967년 충무교로 통영과 이어지면서 육화되었고, 교통량의 증가로 1993년에 통영대교를 새로이 가설하여 현재 통영과 미륵도 사이에는 두 개의 다리가 놓여 있다. 최근 미륵도 정상으로 가는 케이블카가 가설되면서 많은 관광객이 찾아와, 통영 관광에 새로운 전기를 맞고 있다.

미륵도를 일주하는 산양일주도로는 경치가 수려하기로 유명한데, 작은 만과 섬들로 이루어진 리아스식 해안은 양식업에도 최적지라 도로를 따라가면 해안 곳곳에서 가두리 양식장을 볼 수 있다. 특히 이 지역은 남해—통영—한산—거제로 이어지는 우리나라 대표적인 수산 양식 지역으로 바닷물이 오염되는 것을 막기 위해 1974년부터 청정수역(Blue Belt)으로 지정되었다. 미륵도에서 중화마을은 특별한 마을이 아니다. 하지만 산양일주도로를 따라가다 보면 중화마을 앞에서 가장 많은 가두리 양식장을 볼 수 있다. 사진은 삼덕리 중화마을 앞 만입지인데 만 입구에 곤리도와 쑥섬 그리고 소장군도가 가로막고 있어 파도가 잔잔하며, 바닷물이 따뜻하고 영양 염류 공급이 원활해 양식업에는 천혜의 조건을 갖추고 있다.

촬영: 2011년 12월

밀양 삼문동 물돌이
골프장의 아일랜드 그린처럼 물길로 둘러싸인

밀양강으로 완전히 둘러싸인 하중도와 주변의 밀양시를 촬영한 사진이다. 우리나라에도 이렇게 완전한 물의 도시가 있을까 싶지만 밀양시 삼문동이 바로 여기에 해당한다. 한강의 여의도 역시 하중도에 시가지가 조성되어 있지만 여의도와 영등포 사이의 샛강에는 실제 강물이 거의 흐르지 않아 섬이라는 느낌이 덜하다. 하지만 사진에서 보듯이 밀양시 삼문동은 밀양강 하도 내부에 완전한 섬 모양을 갖추고 있다. 실제 육로로 밀양을 여행하면 사진 위쪽의 밀양 시가지와 중앙부의 삼문동, 그리고 아래쪽에 위치한 밀양역을 왕래하게 되는데, 다리를 건너기에 강이 있구나 하고 생각할 뿐 이렇게 완전하게 섬 모양을 하고 있다는 것은 상상하기 어렵다. 항공사진으로 지표면을 관찰하는 재미를 한껏 맛볼 수 있는 정말 좋은 예에 해당한다.

사진 위쪽의 시가지가 과거 밀양의 중심지였고, 지금도 밀양의 중심지이다. 진주 촉석루, 평양 부벽루와 함께 3대 누각으로 꼽힌다는 밀양 영남루도 사진 위쪽의 시가지 가장자리에 위치한다. 사진 중앙의 삼문동이 위치하는 하중도는 지형적으로 홍수와 범람에 취약하여 오랫동안 마을이 형성되지 않았으나, 일제 강점기에 홍수를 막기 위한 제방이 축조되면서 본격적으로 하중도 내부가 개발되기 시작하였다. 경부선이 밀양을 통과하고 밀양역이 밀양시의 동남쪽에 위치하면서 삼문동 지역은 밀양시를 남북으로 연결하는 중간 지대이자 명실상부한 중심지로 자리 잡게 되었다. 삼문동이라는 지명은 모래로 이루어진 땅이라는 의미에서 모래 '사'자를 사용한 사문이라는 원래의 지명이 비슷한 음의 삼문으로 바뀌면서 삼문동으로 불리게 된 것이라고 한다.

촬영: 2012년 11월

배내단층, 양산단층, 동래단층, 울산단층
한반도 동남부의 남북 방향 도로망을 결정짓는

이 사진은 대체 뭘 보여 주려는 건가 하고 갸우뚱할 수 있다. 왜냐하면 관찰 고도를 높일 대로 높인 것이라 지상의 크고 작은 지형지물은 거의 축소되어 구별이 쉽지 않기 때문이다. 그러나 이렇게 보아야 확인 가능한 지형 요소도 있다. 즉 이 사진에서 보려는 지형의 공간 규모는 매우 크다. 사진에서 오른쪽 위로부터 왼쪽 아래를 향하는 거의 직선에 가까운 선을 확인했다면 절반은 성공이고, 그 선이 나란히 세 개 정도 보인다면 이 글에서 말하려는 목표 점에 거의 다 왔다고 볼 수 있다. 사진 왼쪽 아래의 하천은 낙동강 본류인데 이것과 이어지는 선이 양산단층, 그 서 쪽은 배내단층, 동쪽은 울산단층이다. 경부고속도로를 이용해 경주에서 부산으로 이동하는 경우 바로 양산단층 을 달린다고 보면 된다. 또한 7번 국도를 이용해서 울산에서 부산으로 이동하는 경우에는 울산단층을 달린다. 배 내단층으로는 국도가 지나지는 않지만, 이곳을 지나는 69번 지방도는 영남알프스의 고산 준봉 지역을 가로지르 는 중요한 교통로 역할을 하고 있다.

양산단층선을 따라 양산 시가지가 형성되어 있고, 일련의 단층선과 단층선 사이로는 산맥들이 평행하게 이어진 다. 배내단층과 양산단층 사이에는 영남알프스가, 양산단층과 울산단층 사이로는 천성산맥과 금정산맥이 이어진 다. 영남알프스는 울산과 밀양 사이의 간월산−신불산−영축산을 포함하고, 천성산맥에는 대표적인 산지 습지인 무제치늪과 화엄늪을 품고 있는 정족산과 천성산이 이어진다. 화엄늪은 '도롱뇽 소송'으로 유명한 산지 습지인데, 그 아래로는 경부선 KTX가 터널로 통과하고 있다. 양산에서 부산으로 이어지는 고속도로는 천성산맥과 금정산 맥을 가로지르는 동래단층을 지난다. 이들 단층 모두는 동해안과 나란히 달리고 있으며, 인근 동해안에는 원자력 발전소가 여럿 위치해 있다. 지질학에서는 현재 인류가 살고 있는 지질 시대인 신생대 제4기(지금으로부터 약 250만 년 이내)에 활동한 단층을 모두 활단층으로 보는데, 사진에 나오는 단층들 모두는 이 시기에 퇴적된 지층을 절단한 지점들이 확인되면서 활단층으로 분류되고 있다.

촬영: 2011년 04월

법성포

내만 깊숙이 자리 잡은 굴비의 고향

굴비로 유명한 법성포는 바다로부터 멀리 떨어진 내만 깊숙한 곳에 위치한 포구이다. 법성포는 서쪽으로 내민 작은 반도의 남쪽에 자리 잡아 겨울철 북서 계절풍을 막을 수 있는 좋은 항구였다. 그리고 그 앞바다는 한때 조기의 황금 어장이었던 칠산 앞바다이다. 과거 법성포는 조기를 가득 실은 고깃배 선단이 들어올 때면 파시가 섰고, 한양으로 세곡을 운반하던 조운선이 기항하던 조창까지 있었다. 법성포는 전라도 제일의 포구로서, 그 영광은 파시로 유명한 강경에 비할 바가 아니었다고 한다.

하지만 지금은 법성포로 이어지는 수로가 퇴적으로 수심이 얕아져 소조기에는 배가 드나들기조차 어렵게 되었다. 또한 칠산 앞바다에서 그렇게 많이 잡히던 조기는 요새 먼 남쪽 추자도나 흑산도 부근에서 잡힌다. 그렇지만 조기를 말리기에 적합한 기후와 그간의 노하우는 여전해, 법성포 사람들의 표현을 빌리자면 '간하는 법과 바람이 다르다'고 한다. 칠산 앞바다에서 잡힌 조기는 아니지만 오늘도 마을 곳곳에 조기가 널려 있으면서, 영광 굴비라는 과거 영광을 재현하고 있다.

뭍에서 바다로 향하는 와탄천의 물돌이는 '회(回)' 자가 들어가는 내륙의 물돌이가 무색할 정도로 휘감아 돈다. 인도의 승려 마라난타가 동진을 거쳐 우리나라로 올 때 법성포에 상륙하여 불갑사를 창건하고 불법을 전파하였다고 하여 이곳은 백제 불교 도래지로 알려져 있다. 이를 기념하여 백제불교문화최초도래지가 포구 외측 언덕에 조성되어 있다. 법성포에서 가까운 영광군 백수읍에는 원불교를 개교한 소태산 대종사가 태어난 곳으로, 그곳에는 원불교 성지인 영산성지가 조성되어 있다.

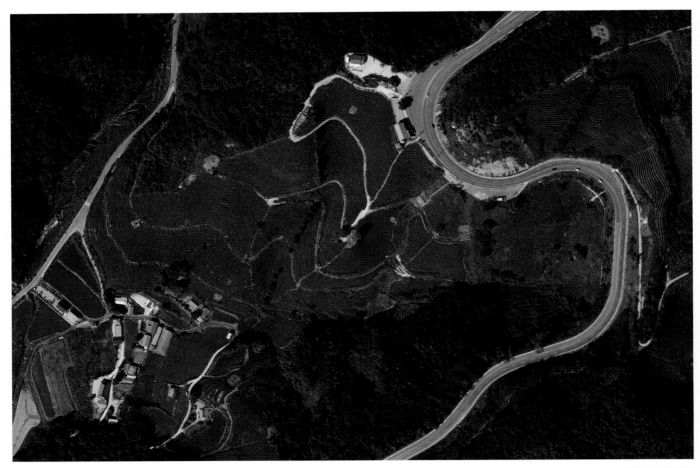

촬영: 2010년 10월

보성 봇재

차나무 이랑이 만들어 낸 곡선이 아름다운

보성은 일찍부터 차(茶)와 관계가 있던 지역이었다. 『동국여지승람』, 『세종실록지리지』 등의 각종 문헌에서도 차의 자생지로 기록되어 있다. 하지만 이곳에 인공 차밭이 들어선 것은 일제 강점기인 1939년부터이다. 현재 보성은 제주와 더불어 우리나라에서 차를 가장 많이 생산하는 곳으로, 우리나라 차 생산의 약 40%를 담당하고 있다고 한다. 차밭이 조성되어 있는 보성군 남부는 바다를 향해 펼쳐진 낮은 산자락과 따스한 햇살, 바다에서 불어오는 해풍, 바다와 산지가 만나서 만들어 내는 안개와 습기, 물이 잘 빠지는 마사토 토양 등 차 재배지로서 최적의 조건을 갖추고 있다. 차나무는 난대림이라 찻잎은 겨울에도 녹색을 띤다.

일반적으로 보성 다원이라 하면 보성읍에서 봇재로 가다 오른편에 있는 대한다원을 말하는데, 삼나무 숲으로 된 진입로와 각종 편의 시설 등을 갖추고 있어 광고에도 곧잘 등장하는 곳이다. 하지만 보성 다원은 봇재를 중심으로 보성읍과 회천면 일대 넓게 펼쳐져 있는 차밭을 통칭한다. 봇재는 보성읍에서 회천면 율포해수욕장으로 가면서 넘어야 하는 가장 높은 고개로, 고개 정상에 서면 주변에 차밭이 넓게 펼쳐져 있는 것을 볼 수 있다. 사진에서 보듯이 도로 가장자리에 여러 군데의 주차 공간이 있다. 이곳에서 남서쪽, 다시 말해 사진의 좌하단 쪽을 바라다보면 남해안의 원경과 함께 광활하게 펼쳐진 차밭을 조망할 수 있다. 등고선을 따라 늘어선 차나무 이랑은 우리나라 경관에서 보기 드문 곡선의 아름다움을 드러낸다.

부산 남항

자갈치로 상징되는 우리나라 제일의 어항

부산항 하면 거대한 국제 여객선이나 크루즈 선박, 아니면 대형 컨테이너선을 떠올리기 십상이다. 하지만 부산항에는 어선이 정박하는 어항도 있다. 그것도 우리나라에서 제일 큰 어항, 바로 사진의 오른쪽 상단에 보이는 부산 남항이다. 부산 남항은 동쪽의 영도와 서쪽 장군반도 사이의 송도만 깊숙이 자리하고 있으며, 남쪽 입구를 남항대교가 가로지르고 있다. 자갈치 아지매들이 "오이소, 보이소, 사이소!"라 외치는 자갈치시장이 어항으로서 부산 남항을 상징하는 것이라면, 실제 어업 항구로서 기능하는 것은 바로 부산공동어시장이다.

부산의 어시장은 크게 노천 시장 계열과 공설 시장 계열로 정리할 수 있다. 일제 강점기 한국인 노점상을 중심으로 조직된 부산생어조합이 광복 이후 자갈치 지구에 정착하면서 자갈치시장이 되었고, 초기 일본 자본으로 개설된 공설 시장인 부산어시장은 광복 후 다섯 개의 수산업 관련 협동조합이 운영하는 부산공동어시장으로 발전하였다. 부산공동어시장은 우리나라 수산물 위탁 판매량의 30% 이상을 담당하는 명실상부한 국내 최대 어시장이다. 이곳에서 거래되는 대표적인 어종은 고등어, 삼치, 오징어, 전갱이 등이며, 고등어는 2011년 부산을 상징하는 생선으로 지정되기도 하였다. 고등어에 대한 부산 사람들의 사랑은 꼭 '고갈비'라 부르는 데에서도 잘 나타난다.

사진 중앙에서 남쪽으로 길게 뻗은 장군반도의 서쪽에 있는 기다란 항구는 감천항이다. 감천항은 상업항인 부산 북항과 어업항인 남항에 비해 일반인에게는 덜 알려진 곳이지만 북항과 남항의 기능을 보완하고 지원하는 매우 중요한 기능을 담당하고 있다. 장군반도의 남단에 조성된 원양 어획물 전용 부두, 국제 수산물 도매 시장, 원목 부두, 컨테이너 부두, 고철 부두, 시멘트 부두, 선박 수리 조선소 등은 감천항의 역할을 잘 말해 준다. 장군반도에서 남항대교 남쪽으로 초승달 모양의 백사장이 보이는데 1913년에 개장한 우리나라 제1호 해수욕장인 송도해수욕장이다.

촬영: 2011년 11월

부산 북항

오륙도와 영도가 만들어 낸 천혜의 항구

초·중·고등학교를 막론하고 한국지리 수업에서 한반도의 지리적 특징을 이야기할 때 절대 빠지지 않는 표현이 '삼면이 바다'라는 것이다. 동, 서, 남이 바다와 접하고 있는 만큼 갯마을도, 부두도, 항구 도시도 많다. 우리나라를 대표하는 항구가 부산이라는 데에 이의를 제기할 사람은 없을 것이다. 그만큼 부산은 항구 그 자체이고 부산항은 대한민국의 근·현대사를 지켜본 대표적 관문이다. 부산시 전체 항공사진을 들여다보면 울산시 바로 아래 기장군에서 송정, 해운대, 영도, 다대포를 거쳐 가덕도까지 해안선이 이어진다. 바다로 돌출한 땅은 반도나 섬이고, 그 사이사이는 만이라고 부른다. 부산의 해안은 '만−반도(섬)'의 연속체다. 수영만, 우암반도, 부산만, 영도, 송도만, 장군반도, 감천만, 두송반도, 다대만, 다대반도까지. 반도와 섬 사이 잔잔한 해안에는 부산항을 구성하는 북항, 남항, 감천항, 다대항이 자리 잡고 있다. 사진은 부산 북항을 보여 주고 있다. 사진 중앙 아래의 영도와 사진 오른쪽 신선대와 이기대, 오륙도가 자리하는 우암반도 사이의 부산만 내부가 바로 북항이다.

영도와 용두산 공원을 연결하는 영도대교 위쪽으로 남에서 북으로 부산항 1부두에서 4부두가 보인다. 일제 강점기 건설된 1~4부두에는 각종 화물 부두와 일본을 오가는 국제 여객 터미널이 있었으나, 현재는 북항 재개발 사업을 통해 새로운 항만 공간으로 탈바꿈하고 있다. 부산항 중앙에서 동쪽으로 자성대, 신선대 컨테이너 부두가 이어지고 있는데, 세계의 해운 체계가 1970년대부터 본격적인 컨테이너 시대로 접어들 당시 조성된 우리나라 최초의 컨테이너 전용 부두이다. 부산이 한국을 대표하는 항구 도시인 것은 비단 이러한 항구의 규모 때문만은 아닐 것이다. 일제 강점기 일본과 우리나라를 연결하는 관부[하관(시모노세키)~부산] 연락선, 한국 전쟁과 전후에 전쟁 피난민과 원조 물자를 실어 나르던 화물선, 멀리 남태평양으로 참치잡이를 떠난 원양 어선, 베트남 전쟁터로 장병들을 실어 나르던 수송함, 태평양 건너 브라질 이민단을 실은 수송선 모두 이곳 부산에서 떠났다. 여기에 조용필의 '돌아와요 부산항에'까지. 이 중 하나쯤은 우리 자신과도 연결되니, 수많은 사연과 이야기의 무대이기도 한 부산항이 더욱 커 보이는 건 아닐까.

촬영: 2011년 11월

부산 신항

동북아시아 국제 물류의 중심 항구로 새롭게 조성된

부산항은 크게 상업항인 북항과 어업항인 남항으로 나뉜다. 부산 북항은 1970년대까지 일제 강점기에 건설된 1~4부두를 사용하였다. 이후 전 세계적으로 컨테이너를 이용한 해운이 표준화되면서 부산항에도 5부두를 시작으로 신선대 부두에 이르기까지 컨테이너의 선적이 가능한 전용 부두가 개설되었다. 하지만 물동량 증가와 컨테이너선의 대형화, 고속화 추세에 따라 컨테이너 항만 시설 역시 현대화와 대형화가 지속적으로 요구되었다. 부산 신항은 기존 부산항의 항만 시설 확충과 21세기 동북아시아 국제 물류의 중심 항구로의 도약을 목표로 경상남도 창원시 진해구와 부산광역시 강서구 가덕도 사이의 해안에 새로이 조성되었다. 1997년 10월 31일 공사를 개시한 부산 신항은 2020년 완공을 목표로 계속 확장되고 있다. 완공된 북컨테이너 부두와 남컨테이너 부두는 현재 운영 중이며, 서컨테이너 부두는 추진 중에 있다.

창원시 진해구 용원동 해안 남쪽이 북컨테이너 부두이고, 가덕도의 북단에 해당하는 눌차해안이 남컨테이너 부두, 이순신 장군의 전승지로도 잘 알려진 안골포 서쪽 해안이 서컨테이너 부두이다. 부산 신항으로 개발된 해안은 원래 드나듦이 복잡하고 많은 섬으로 이루어진 전형적인 리아스식 해안이었으나, 항만 개발로 인해 항공사진에서도 확인할 수 있듯이 직선의 인공 해안으로 바뀌었다. 어선들이 포구로 이동하던 해상의 수로는 오랫동안 이 지역의 전통적인 통행로였지만, 지금은 대형 방조제 사이로 그 명맥만 겨우 유지하고 있다. 대신에 육지로는 신항과 주요 간선 도로를 연결하는 거가대교와 같은 새로운 도로망과 신항 철도가 가설되면서 급격하게 달라지고 있다. 거가대교는 을숙도대교, 남항대교, 부산항대교, 광안대교로 이어지는데, 이 길을 달리면 부산 해안의 서쪽부터 동쪽까지 완전히 가로지르게 된다.

촬영: 2011년 10월

부산 정관 신도시
대도시 배후의 새로운 주거 도시

2008년부터 입주를 시작한 부산광역시 기장군의 정관 신도시 모습이다. 2008년 당시 정관면의 인구는 5,000명에 불과했으나 2015년 현재 6만 명이 넘어 무려 12배가량 증가하였다. 정관면의 인구 증가는 거의 대부분 이곳 정관 신도시의 입주민 덕분이다. 초승달 모양의 분지 안에 고층 아파트, 저층 아파트, 연립 주택, 단독 주택 등 다양한 유형의 주거 시설과 공장 지대가 들어서 있으며, 현재도 개발이 진행 중이다. 사진에서 알록달록한 지붕을 하고 있는 공장 지대와 개발이 진행되고 있는 주거 지역이 곡선의 도로로 분리되어 있는데, 그 사이로 좌광천이 흐르고 있다. 초기에는 교육 시설이 부족하고 교통이 불편해 많은 어려움이 있었지만, 입주민이 늘어나면서 이러한 불편은 점차 해소되고 있다.

정관 신도시는 부산광역시와 울산광역시의 배후 주거 도시를 목적으로 개발되었다. 부산과 울산은 북북동-남남서 방향으로 달리는 울산단층(7번 국도)과 일광단층(14번 국도와 동해고속도로)으로 연결되며, 두 단층 사이에는 500~700m 규모의 산지가 연이어 있다. 사진에서 초승달 모양 분지의 폭은 나란히 달리는 두 단층의 폭과 거의 같다. 따라서 분지의 왼쪽 끝은 7번 국도와 연결되며, 오른쪽 끝은 14번 국도와 동해고속도로와 연결된다. 또한 신도시 남쪽 끝은 고개를 넘어 기장군 철마면을 지나 동래 방면으로 이어진다. 당초 기대보다는 개발 속도가 더디지만, 자연과 조화를 이루는 새로운 유형의 주거 문화를 창조한다는 점에서 여전히 기대가 크다.

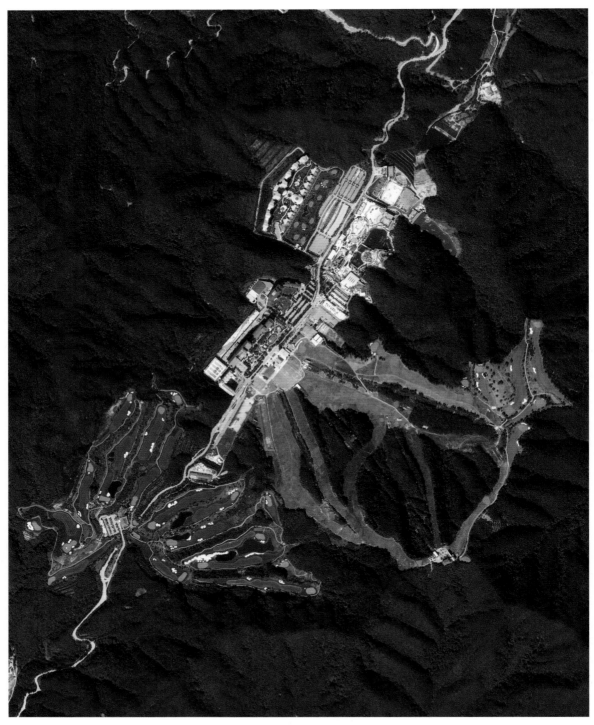

촬영: 2012년 09월

비발디파크
레저와 휴양의 테마파크

비발디파크는 홍천강 상류에 위치한 대형 레저·휴양 테마파크로 우리나라 최대의 리조트 기업인 (주)대명레저산업에서 운영하고 있다. 이곳에는 오션월드(스파, 물놀이), 스키월드, 골프클럽, 숙소 및 부대시설 등이 들어서 있다. 이곳은 2004년에 개장되었는데, 당시 주5일제 근무, 여가·레저 활동에 대한 폭발적인 수요 증가 등에 힘입어 18홀 정규 골프장뿐만 아니라 다양한 놀이 시설을 갖추었다. 스키 슬로프 역시 겨울이 지나면 골프장으로 이용할 수 있어 사계절 내내 여가 및 레저 활동이 가능해졌다.

실제로 이곳은 행정 구역상 강원도이기는 하지만 서울을 비롯한 수도권과 인접한 곳이다. 따라서 수도권 주민들의 이동 시간을 고려해 볼 때 최대 3시간 이내인 점, 팔봉산과 홍천강이 빚어내는 아름다운 절경, 저렴한 지가 덕분에 넓은 개활지를 확보할 수 있다는 점 등이 수도권을 타깃으로 하는 종합 테마파크 입지로서 최적의 조건을 갖추고 있었다고 볼 수 있다. 특히 서울춘천고속도로가 개통되면서 접근성이 더욱 좋아져, 이제는 수도권의 젊은이들이 퇴근하고 찾아올 정도가 되었다.

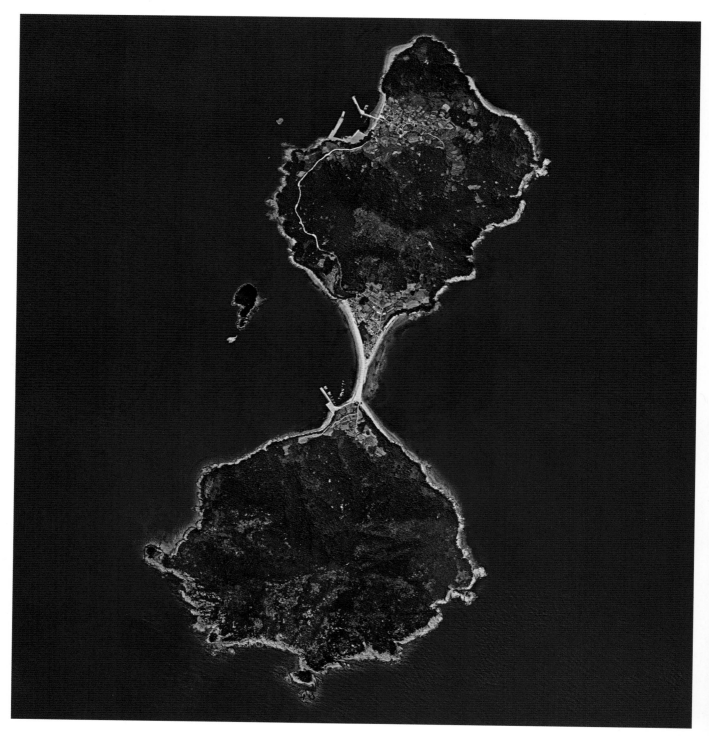

촬영: 2014년 05월

비진도
사주로 연결된 한려수도의 비경

사진에서 보듯이 비진도는 아라비아 숫자 '8'처럼 섬 두 개가 붙어 있는 모습이다. 섬과 섬 사이는 모래와 자갈이 퇴적된 사주가 이어 준다. 운동 기구 아령 모양으로, 두 섬을 연결하는 사주가 손잡이에 해당한다. 통영에서 배를 타고 남쪽으로 항해를 하면 미륵도와 한산도 사이, 즉 한산수로를 통과하는데, 이 수로의 끝 부분에 자리 잡은 섬이 비진도다. 섬 두 개가 연결되어 있지만 합쳐서 비진도라 부른다. 두 섬의 크기는 비슷해 보이나 남쪽 섬은 거의 급경사의 해안 절벽으로 둘러싸여 있고, 북쪽 섬은 북쪽으로 그리고 사주가 연결된 해안 쪽으로 경사가 완만한 지역이 분포하고 있다. 따라서 비진도의 마을은 북쪽 섬의 완만한 곳을 중심으로 항구와 함께 형성되어 있는 것을 확인할 수 있다.

비진도는 하늘에서 보이는 독특한 모양만큼이나 실제 여행에서도 색다른 경험을 할 수 있다. 사진에서 보이는 것과 같이 좁다란 사주에서는 동쪽 바다와 서쪽 바다를 동시에 보고 즐길 수 있다. 아침 해돋이와 저녁 해넘이를 방향만 바꾸면 같은 장소에서 즐길 수 있고, 해수욕 역시 지근거리에서 서로 다른 바닷물에 몸을 담그며 즐길 수 있다. 사주의 서쪽 해안이 모래로 이루어진 것에 비해 동쪽 해안은 자갈로 이루어져 있다. 당연히 물결은 서쪽이 잔잔하고 동쪽이 거센데, 동쪽이 외해로 열려 있는 것이 이러한 차이의 이유라 생각된다. 통영 연안은 이순신 장군이 학익진을 펼친 한산수로를 끼고 많은 관광지가 연계되어 있으며, 비진도를 비롯한 연안 도서들도 선박편이 확충되면서 찾는 이들이 늘고 있다.

사천 선상지
부채 모양의 퇴적 지형

이 사진은 경상남도 사천시 사천읍과 삼천포 사이의 해안 지역을 촬영한 것이다. 지리학에서는 이러한 부채 모양의 지형을 선상지라고 부른다. 그리고 보니 정말 사진 오른편 산지 어딘가에 중심을 두고 컴퍼스로 원호를 그려놓은 것처럼 원호상의 지형이 펼쳐져 있다. 이러한 선상지를 지상에서 조망하려면 사진의 서쪽 어딘가에서 조망점을 찾아야 하는데 안타깝게도 바다 한복판이다. 컴퍼스의 중심을 둔 오른편 산지 어딘가에 좋은 조망점이 있을수 있으나 실제로 적합한 지점을 찾기가 어렵다. 그래서인지 사천 선상지를 제대로 촬영한 경관 사진을 보기란 쉽지 않고, 설령 있다 하더라도 사진이 가지는 경관 설명력은 현저히 떨어지는 경우가 대부분이다. 따라서 이 같은 항공사진을 이용하면 경관 조망점이 신통치 않은 경우라도 우리나라의 지형을 사례로 들어가면서 지형이나 경관 설명이 가능해진다.

중·고등학교에서 배운 지리적 지식을 돌이켜 보면, 선상지는 대개 완만한 경사를 이루고 하천이 복류를 하면서 선상지의 말단부인 선단에서 용천대가 형성된다는 설명이 어렴풋이 기억날 것이다. 그렇지만 지금 보고 있는 사천 선상지에서는 그런 설명이 전혀 들어맞지 않는다. 왜냐하면 사천 선상지는 현재의 지형 형성 작용에 의해 만들어진 것이 아니기 때문에, 현재 만들어지고 있는 선상지를 사례로 정리된 지식과 괴리가 생기는 것이다. 사진에서 확인할 수 있듯이 사천 선상지에는 대규모 농경지가 조성되어 있으며 사천읍과 삼천포, 더 나아가 남해 창선도로 이어지는 주요 간선 도로망이 가설되어 있다. 사천시는 과거 삼천포시와 사천군이 1995년 통합되면서 생긴 도시인데, 새로운 사천시청 역시 사천 선상지 위에 신축되어 북쪽의 사천읍과 남쪽의 삼천포 지역의 화합을 도모하는 상징적 역할을 하고 있다.

촬영: 2011년 10월

삼랑진

철도 및 육상 교통의 내륙 중심지

이 사진은 경남 밀양시 삼랑진읍을 촬영한 것이다. 삼랑진읍은 사진 오른쪽 상부의 산지로부터 발원하여 낙동강으로 흘러드는 미전천과 안태천과 같은 작은 하천의 하류에 형성된 평야에 자리하고 있다. 사진에 보이는 하천은 낙동강 본류이며, 사진의 맨 왼쪽 밀양강이 낙동강 본류에 합류하는 지점이다. 삼랑진이란 세 줄기 큰 강물이 부딪쳐서 물결이 일렁이는 곳이라는 설명에서 유래한 지명이다. 사진에서 낙동강의 위쪽이 밀양시 삼랑진읍이고 아래쪽은 김해시 생림면이다. 삼랑진읍 부근을 지난 낙동강은 양산시 물금읍으로 이어지는데, 이 구간의 하폭이 좁아 홍수가 발생할 경우 삼랑진과 생림 지역은 상습적으로 수해를 입는다. 우리나라 최초의 근대 장편 소설인 이광수의 『무정』에도 주인공들이 기차를 이용해 부산으로 이동하던 도중 수해를 입은 주민을 위해 삼랑진역에서 위문 공연을 펼치는 장면이 나온다. 이후 이 구간의 수해를 저감하기 위해 1970년 낙동강의 최대 지류의 하나인 남강 상류에 남강댐을 축조하였다.

사진에 드러난 복잡한 교통망을 통해 알 수 있듯이 삼랑진은 예로부터 주요 교통로 상에 있었다. 조선 시대에는 영남대로와 접속하는 수운의 요충지로 낙동강의 가장 큰 포구 중 하나였다. 이후 육로 교통이 발달하면서 삼랑진은 철도 교통의 요충지로 변신하게 된다. 사진 위쪽에 동서 방향으로 연결된 철로가 경부선이며, 사진 중앙부에서 남쪽으로 갈라져 서쪽으로 이어지는 것은 경전선이다. 삼랑진역은 경부선과 경전선의 분기역에 해당한다. 사진 중앙을 가로지르는 다리는 중앙고속도로 낙동대교이며 이 다리 서쪽으로는 58번 국도 삼랑진교, 구 삼랑진철교, 구 삼랑진교가 차례로 보인다. 구 삼랑진교 서쪽으로는 경전선 구간으로 KTX가 개통되면서 새로이 가설한 삼랑진철교인데, 현재는 이 철교만 사용한다. 낙동강 본류 양안으로 하얗게 드러난 곳은 4대강 사업으로 낙동강 본류 구간을 준설한 후 습지 환경을 조성하기 위해 모래 퇴적지를 만들어 놓은 것이다. 삼랑진읍 쪽 강변 퇴적지 내부에 곡류 형태로 인공 수로를 만들어 놓은 것까지도 항공사진을 통해 확인할 수 있다.

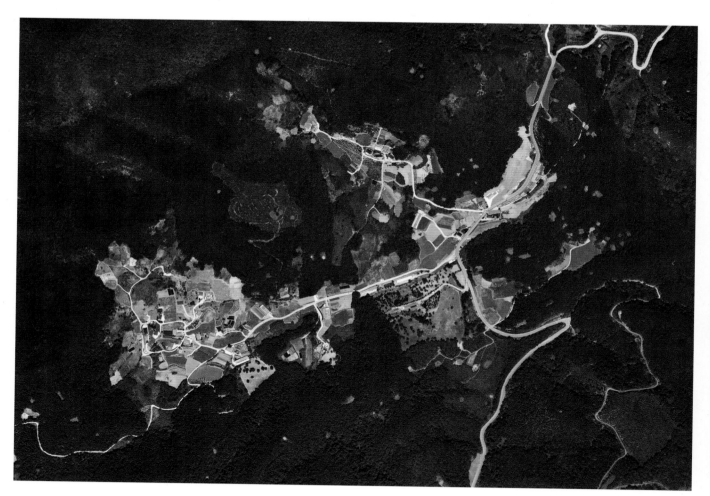

촬영: 2012년 05월

047

삼척 여삼리 우발레
석회암 용식 함몰지에 자리 잡은

석회암은 이산화탄소가 물에 녹아 만들어진 탄산과 만나면 꽤 잘 녹는다. 우리나라는 석회암으로 이루어진 지역이 상당히 넓게 형성되어 있는데, 석회암 지역은 석탄 산지와 함께 고생대에 형성된 퇴적암 지역에 해당한다. 석회암이 녹아서(용식) 만들어진 지형과 한번 녹았던 석회암의 탄산염 성분이 다시 침전되어 굳어 만들어진 지형 모두를 카르스트 지형이라 한다. 카르스트 지형은 크게 땅속의 석회암 동굴과 여러 크기의 함몰지로 나눌 수 있다. 특히 함몰지는 조그마한 밭으로 이용되는 돌리네에서부터 마을 하나가 거뜬히 자리 잡은 우발레, 그리고 아예 하천까지 흐르는 폴리예로 구분한다. 사진에서 나타난 강원도 삼척시 노곡면 여삼리는 석회암 함몰지인 우발레에 자리 잡은 마을이다.

강원도(영월, 정선 등)나 경상북도(문경, 단양 등)의 석회암이 분포하는 지역을 여행하면서 외곽이 둥근 붉은색 밭을 발견한다면 돌리네일 가능성이 높다. 그러나 이곳 여삼리와 같이 마을이 자리 잡을 정도라면 지상에서 조망점을 찾기란 쉬운 일이 아니다. 이 경우 항공사진으로 관찰하는 것이 매우 유용하고 효율적이다. 골짜기를 따라 대략 세 개 정도의 마을이 형성된 것을 확인할 수 있고 가운데에 학교도 있다. 단순히 사진 상으로는 이곳이 석회암의 용식이라는 신비를 간직하고 있다는 사실을 알 수는 없지만, 약간의 지리학적 지식을 갖춘다면 훌륭한 여행지가 될 것이다. 즉 지형도에서 등고선이 둥근 모양의 타원이고 그 안쪽으로 점들이 찍혀 있으면(저하 등고선) 그것은 함몰 지형을 나타내는 것이다.

석회암이 용식되어 마을이 들어설 정도의 규모가 되었다면, 주변에 다른 석회암 지형은 없는지 궁금할 수 있다. 물론, 이곳 여삼리에서 멀지 않은 곳에서 석회암 동굴이 발견되어 관광지로 개발되었다. 여삼리가 있는 삼척시만 해도 환선굴, 대금굴 등이 있는데, 석회암 동굴이 만들어지면 녹았던 석회질이 다시금 침전되면서 석주, 석순, 종유석, 림스톤 등 다양한 지형들이 새롭게 형성된다. 우리나라에는 육지뿐만 아니라 해안에도 석회암이 분포하고 있으며, 그 결과 다양한 종류의 카르스트 지형이 확인된다. 하지만 외국의 예와 같이 석회암으로 이루어진 광대한 카르스트 대지나 석회암의 차별 용식으로 만들어진 라피에, 중국 구이린의 탑카르스트 같은 지형이 없는 것은 유감이다.

촬영: 2012년 04월

상당산성

048

삼국 시대 또 하나의 각축장

상당산성은 청주 도심 북동쪽 상당산 정상에 있는 산성으로 우리나라 대부분의 산성이 그렇듯 이곳 역시 감시와 방어가 용이한 고위 평탄면 위에 세워져 있다. 성 위에 올라서면 서쪽으로 청주시가 한눈에 들어온다. 이 성은 원래 백제 시대에 쌓은 토성에서 비롯되었다고 하는데, 통일신라 시대의 것이라는 설도 있다. 산성의 면적은 12만 6000m²이고 성 둘레는 4.4km, 크기가 다른 돌을 수직으로 쌓은 성의 높이는 4.7m가량 된다. 현재 성 내에는 수십 가구가 살고 있다. 임진왜란 중에도 수축되었고 1716년(숙종 42년)에 대대적으로 개축되었다. 그 이후에도 외적의 침입에 대비하여 수차례 개축하는 등 나라를 지키려는 조상들의 흔적이 고스란히 담겨 있다.

현재는 국토의 중앙에 있어 이 산성의 의미가 축소될 수 있으나, 삼국 시대 이 지역이 삼국의 각축장이었음을 상기하면 그 의미는 달라질 수 있다. 상당산성 위치의 지정학적 중요성은 청주를 중심으로 벌어지는 백제, 고구려, 신라 간의 영역 다툼에서 찾아볼 수 있다. 남하하려는 고구려나 북쪽으로 진출하려는 신라의 입장에서 청주 인근은 반드시 거쳐야 하고 또한 방어해야 했던 요충지라, 삼국 모두 결코 물러설 수 없는 지역이었다. 마침내 삼국을 통일하면서 이곳 청주를 차지하게 된 신라는 이곳에 서원소경(西原小京)을 설치하여 옛 백제 지역을 효율적으로 다스리려 노력했다. 상당산성의 상당은 백제 때 청주의 지명인 상당현에서 유래한 것으로 보고 있다.

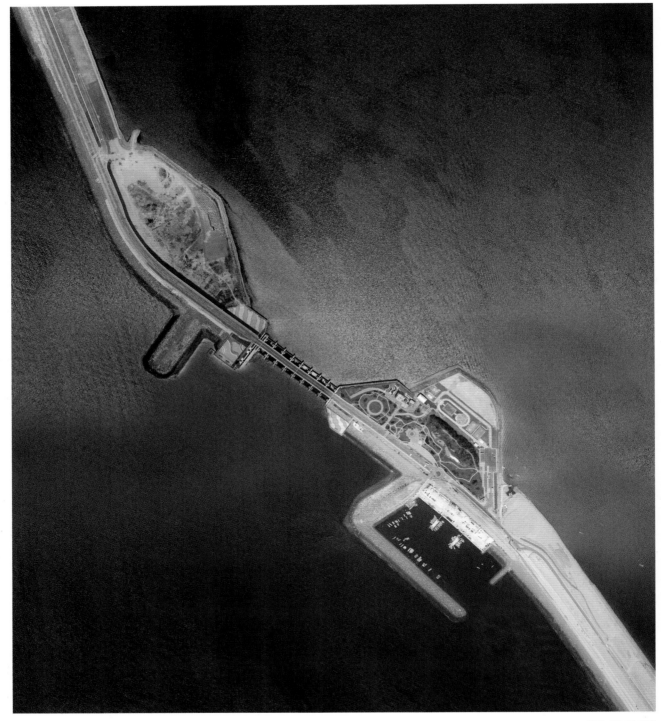

촬영: 2011년 05월

새만금 간척지

오랜 환경 논란 끝에 완공된

새만금사업이란 방조제를 건설하여 바닷물로부터 만경강, 동진강 하구의 갯벌을 막아 새로운 간척지를 조성하려는 간척 사업이다. 1991년에 시작하여 2010년에 완공된 새만금 방조제는 새만금사업의 핵심으로, 총 33.9km에 달하는 '세계에서 가장 긴 방조제'로 기록되어 있다. '최장의 방조제'임과 동시에 환경 관련 논란으로 공사가 중지되기도 해 그 사업 기간이 긴 것으로도 유명하다. 대법원 판결까지 거쳐 사법적 합법성을 인정받은 후에야 공사가 재개되었으며, 이후에도 행정 구역 분쟁, '새만금사업 촉진을 위한 특별법' 등 우여곡절을 거쳤다. 2006년 물막이 공사가 끝남으로써 새만금 간척지는 이제 바다가 아니라 육지가 되었다.

새만금 방조제는 군산에서 고군산군도의 신시도를 경유하여 변산반도에 이르는 방조제로, 이렇게 조성된 간척지의 면적은 401km²이다. 이는 여의도 면적의 140배, 서울시 면적의 2/3에 해당하는 넓은 면적이다. 사진에 보이는 갑문은 신시도와 변산반도 사이에 있던 북가력도와 남가력도 사이를 연결한 것으로, 새만금 방조제 중 가장 마지막에 건설된 배수 갑문이다. 갑문 우측은 담수호이고, 좌측은 서해 바다이다. 일렁이는 서해 쪽 수면에 비해 담수호의 수면은 잔잔한데, 개발은 자연의 역동성마저 잠재워 버리는 막강한 힘을 갖고 있음을 보여 주고 있다. 남가력도에 새만금공원이 조성되어 있고 그 아래 보이는 작은 항구는 가력도항이다.

촬영: 2014년 03월

서광다원

제주의 새로운 볼거리이자 가장 인기 있는

제주특별자치도 서귀포시 안덕면 서광리에 위치한 국내 최대 규모이자 최대 차 생산지인 이곳 서광다원은, 아모레퍼시픽 서성환 회장이 착안하여 조성된 차밭이다. 제주도 남서부 지역에 위치한 서광다원은 기온이 높고 강수량이 풍부하며, 안개가 잦아 일조량이 적기 때문에 차를 재배하기에 최적의 조건을 갖추었다. 원래는 돌과 흙, 잡목들이 우거진 황무지에 가까운 곳이었으나, 1983년부터 약 2년 동안 개간하고 주위에 방풍림을 조성하면서 현재와 같은 대규모의 차밭으로 발전하였다. 사진 좌상단에 보이는 원형 건물이 오설록 티뮤지엄이며, 우하단에 있는 흰색 건물은 2014년에 개장한 제주항공우주박물관이다.

녹차를 테마로 한 박물관 오설록 티뮤지엄은 전통 차 문화를 계승, 보급하고 차의 역사와 문화를 체험할 수 있는 곳이다. 2001년에 세워진 이 박물관은 개장 초기만 하더라도 찾는 이가 많지 않던 한적한 곳이었다. 하지만 도로가 정비되고 관광 수요가 다양해지면서, 해안 일주 관광이나 한라산 등산으로 일관하던 제주 관광에서 이곳 서광다원의 광활한 차밭은 파격의 하나로 등장하였다. 최근 오설록 티뮤지엄은 내국인은 물론 외국인, 특히 차를 좋아하는 중국인들이 즐겨 찾는 제주 최고의 관광지 중 하나가 되었다. 여기서는 녹차를 비롯한 각종 차와 녹차로 만든 케이크, 아이스크림도 판매하고 있다.

서울역
수도 서울의 관문

우리나라 최초의 철도는 1899년에 개통된 경인선이다. 경인선의 출발역은 노량진역이었고, 1900년 한강철교가 개통되면서, 수도 한성의 철도 교통 중심지는 용산역으로 바뀌었다. 그 이후 용산역은 1905년 경부선, 1906년 경의선, 경원선 등의 개통으로 규모가 커졌지만, 도시의 중심부로부터 거리가 멀다는 한계를 드러냈다. 용산역의 보조 역할을 하던 남대문 정거장에 새롭게 역사를 건설하면서 경성역으로 바뀐 것이 1923년의 일이며, 현재 우리가 보는 구 역사는 1925년에 완공되었다. 광복 이후 1947년에 서울역으로 개명되었다. 한때 서울역은 모든 열차의 출발지였으나, 2004년 KTX가 개통되면서 호남선, 전라선, 장항선 열차는 용산역으로 업무가 이관되었다. 현재 지하철 1, 4호선, 수도권 전철 경의선, 코레일공항철도 등이 이곳에서 연결된다.

경성역사는 일제 강점기 도쿄-시모노세키-부산-모스크바-베를린으로 연결되는 세계적 교통망의 일원으로서 한반도의 현관이자 식민지 경영의 관문으로 만들어졌다. 현재 사적 제284호로 지정된 구 서울역사는 지하 1층, 지상 2층, 총면적 6,631m²로, 당시로는 초대형 건축물이었다. 광복 이후 1960~1970년대 경제 성장기를 거치면서 폭발적으로 늘어나는 여객과 화물 수송을 위한 중추적인 역할을 해 왔으나, 2004년 KTX 개통에 대비해 2003년 현재의 민자 역사가 완공되면서 역사로서의 기능은 사라졌다. 오늘날 구 서울역사는 문화재청으로 소유권이 이전되었고, 2011년 '문화역서울 284'라는 이름으로 개명되면서 다양한 문화 예술 프로그램이 진행되고 있다. 이제 서울역은 단순한 교통 시설이 아니라 문화 예술의 공간이자 거대한 소비 공간으로 거듭나고 있다.

촬영: 2012년 05월

선자령

풍력 발전기가 널려 있는 대관령 삼양목장 정상부

이 사진은 강원도 평창군 대관령면 선자령 정상 부근을 촬영한 것으로, 풍력 발전기들과 산지에서 보기 드문 푸른 초지 등을 조합해 보면 이곳이 대관령에 있는 목장이란 걸 떠올릴 수 있다. 좀 더 정확하게 말하면 이곳은 '대관령 삼양목장' 정상부에 있는 동해전망대 부근이다. 실제 삼양목장을 여행하면서 가까이에서 풍력 발전기를 쳐다보면 그 크기에 압도당하기 마련인데 항공사진에서는 조그만 바람개비처럼 보인다. 이는 목장이 얼마나 넓은지를 대변해 준다. 대관령 일대는 해발 800m가 넘는 고지대에 해당한다. 이러한 고지대에 펼쳐진 푸른 초지는 그 자체로도 멋진 경관을 연출한다. 이곳 초지의 경관은 유럽의 그것과 비슷하지만, 자연적으로 형성된 초원이 아니라 인위적으로 토지 이용을 바꾼 것이다. 즉 잡목과 자갈투성이의 황무지를 개간하여 만든 인공 초원이라는 이야기다.

대개의 경우 대관령목장이라 하면 삼양목장의 초지를 떠올리지만, 구분이 필요하다. 대관령면에는 삼양그룹이 조성한 이곳 삼양목장 외에도 목장이 두 곳 더 있다. 한일시멘트에서 조성한 '한일목장'과 개인이 운영하는 '양떼목장'이다. 그동안 개방되지 않았던 한일목장은 2014년 9월 '대관령 하늘목장'으로 일반에게 개방되었다. 하늘목장은 삼양목장을 좌우에서 감싸고 있다. 과거 먹거리가 부족하던 시절 서구식으로 우유와 고기 등을 먹을 수 있도록 조성된 목장들이 지금은 좋은 관광지가 되었다. 게다가 대관령면 일대에는 우리나라 겨울 스포츠의 메카인 용평리조트가 있고, 알펜시아리조트는 2018년 평창 동계올림픽의 본부로 활용될 예정이다. 일반 지명으로 대관령을 기억하는 사람은 행정 구역 대관령면이 어색할 수 있는데, 과거 평창군 도암면이 2007년 대관령면으로 바뀌었다.

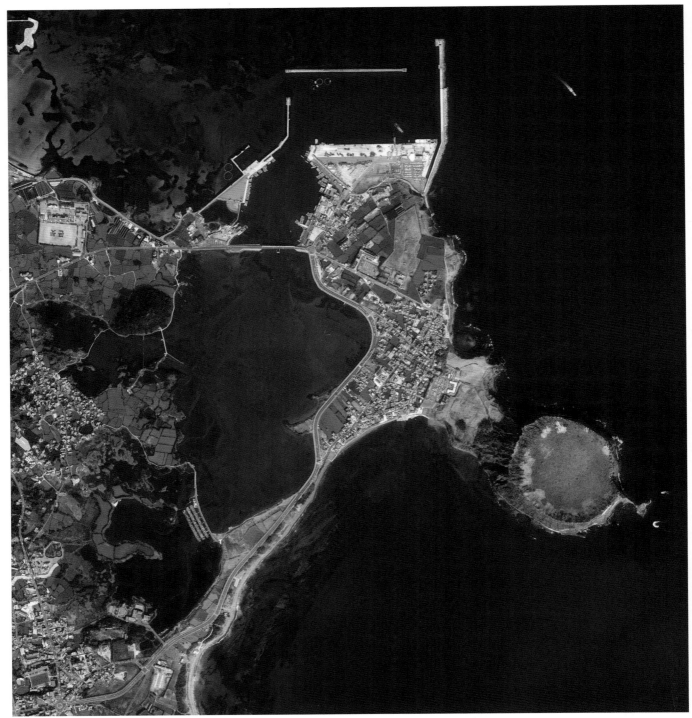

촬영: 2011년 10월

성산 일출봉

보석 반지에서 보석이 빠진 듯한

흔히들 제주도는 돌, 바람, 여자가 많다고 해서 삼다도라 부르는데, 요즘은 하도 중국인 관광객이 많아서 사다도로 바꿔야 하는 것 아니냐고 우스개로 반문하는 사람도 있다. 그렇지만 서울이나 부산의 약 세 배에 해당하는 면적에 60만 명 정도만 살고 있는 제주도는 도심을 벗어나면 중국인 관광객뿐만 아니라 제주도민도 만나기 어렵다. 그런 제주도에서 중국인 관광객이 많기로 단연 으뜸인 곳이 바로 사진에 보이는 성산 일출봉이다. 제주도는 세계자연유산, 생물권보전지역, 그리고 세계지질공원 등 유네스코가 지정하는 자연 보전 지역 3관왕이 되었다. 지질학적으로는 제주 서쪽 수월봉이 화산 활동의 교과서라 주목받지만, 풍광이라는 측면에서 돋보이는 장소는 역시 일출봉이 아닌가 한다. 바다 위로 우뚝 솟은 화산의 분화구가 그려 내는 스카이라인에다가 파도를 깎아 낸 가파른 해안 절벽, 그리고 해식 동굴과 주변의 다양한 경관은 단연 압권이다.

사진 오른쪽 끝 분화구가 일출봉이다. 예전 한 우유 회사에서 자사 제품의 신선도를 보여 주기 위해 우유 한 방울이 떨어지면서 만들어 내는 왕관 현상을 광고에 내보낸 적이 있는데, 마치 그 모양으로 분화구 외륜산이 솟아 있다. 그 모양이 성곽과 같다고 성산이며, 그 아래 있는 마을인 성산포에서는 육지와 연결되는 카페리가 다닌다. 사진을 유심히 들여다보면 성산 일출봉이 있는 곳이 위쪽과 아래쪽 두 갈래로 제주 본섬과 연결되어 있다는 것을 알수 있다. 위쪽의 갑문 다리는 제주 본섬과 성산포를 연결하기 위해 인위적으로 연결한 것이고, 아래쪽 좁고 긴 연결도로는 일출봉이 만들어진 후 부서지고 깎여 나간 퇴적물들이 얕은 바다에 쌓이면서 형성된 육계사주 위를 달리고 있다. 일출봉 남쪽 돌출부인 섭지코지는 바다 건너 일출봉을 조망하기 좋은 지점이며, 인기 드라마의 세트장으로 활용되면서 유명세를 타기 시작했다. 이제는 대형 리조트와 유명 건축가의 건축물이 빼곡히 들어서 있다.

촬영: 2011년 05월

성삼재
지리산 주능선을 가로지르는 고갯마루

성삼재가 도로로 연결되기 전에는 그저 지리산 능선에 있는 수많은 고개 중 하나에 불과했다. 하지만 이제는 사람들이 가장 많이 찾는 지리산의 명소가 되었다. 성삼재(性三峙)에는 전설이 하나 있는데, 마한 때 성씨가 다른 세 명의 장군이 지켰던 고개라 하여 성삼재라는 이름이 붙여졌다는 것이 그것이다. 삼한 시대, 진한에 쫓기던 마한의 왕이 신하들과 함께 지리산에 들어와 피난살이하던 중 이곳에 달궁(성벽)을 쌓고, 달궁 서쪽 10리 밖으로는 정장군(정령치)을, 달궁 동쪽 20리 밖에는 황장군(황령치)을 배치했다고 한다. 또 달궁 북쪽 30리 밖에 8명의 장군을 배치한 곳은 팔랑치, 그리고 달궁의 남쪽 20리 밖에 성이 다른 세 장군을 배치한 곳은 성삼재(성삼치)라고 전해진다. 하지만 이건 어디까지나 전설일 뿐인데, 지리산 둘레에 흩어져 있는 고개들을 하나의 이야기로 만들어 낸 것 같다.

현재 성삼재는 전라남도 구례군에서 남원시 운봉읍으로 넘어가는 고갯길 정상인데, 1988년 861번 지방도가 개통됨으로서 고개 정상까지 쉽게 오를 수 있게 되었다. 성삼재에서는 노고단이 가깝고 고도도 높아 지리산 등산 진입로로 사랑을 받고 있다. 여기서 출발한 등산객은 노고단-세석-천황봉으로 이어지는 등산로를 따라 지리산 주능선을 종주하게 된다. 사진 한가운데 있는 시설물과 개활지는 성삼재 정상에 있는 성삼재휴게소이다. 구례 천은사를 지나 가파른 산길을 오르다 보면 사진 좌하단의 시암재휴게소를 지나 성삼재에 이른다. 도로는 우상단 쪽 계곡 아래로 이어지는데 이 계곡이 심원계곡이며, 도로 오른쪽에 보이는 마을이 하늘 아래 첫 동네라는 심원마을이다. 성삼재에서 우하단으로 이어지는 도로는 노고단으로 가는 등산로인데, 정비가 잘 되어 있어 사진에서는 일반 도로처럼 보인다.

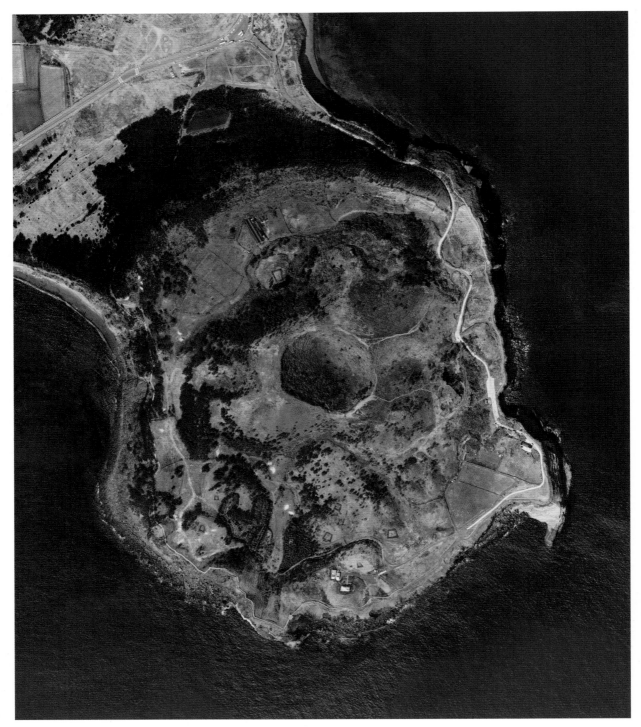

촬영: 2014년 03월

송악산

수성 화산체 위에 육성 화산체가 겹쳐진

"신혼부부 밀려와 똑같은 사진찍기 구경하며…"라는 가사가 나오는 대중가요가 있다. 근래에 리메이크되어 많이 알려졌지만 사실은 20년도 훨씬 넘은 1980년대 노래가 원곡이다. 그랬다. 그때 제주 여행의 대세는 신혼여행이었다. 물론 지금도 많은 신혼부부가 제주로 첫 여행을 떠난다. 그렇지만 대세는 아니다. 제주 여행은 그 사이 골프가, 그리고 걷기 열풍과 함께 올레가 중심 테마로 자리 잡았다. 올레 열풍은 내륙으로도 들불처럼 번져 나가 전국적으로 이루 헤아릴 수 없을 만큼의 걷기 코스가 생겨나게 했다. 이런 걷기 여행은 산, 강, 바다, 도심 어디 할 것 없이 마구 쑤시고 다닌다. 그런데 정작 제주 올레는 제주의 속살을 살짝 비껴 바다로 바다로 도는 것이 대부분이다. 그런 올레 중에서 오름을 오르면서 제주의 진면목을 보고, 느끼고, 즐길 수 있는 코스가 바로 송악산이 포함된 제10코스이다. 제10코스에 등반로와 정상까지 포함된 것은 아니지만, 등반로를 따라 송악산 정상에 오르면 가파도와 마라도가 눈앞 가까이에 펼쳐진다.

송악산에 오면 많은 것을 볼 수 있다. 우선 과거 제2차 세계대전 당시 일본군이 어뢰정을 숨기기 위해 사용하던 해안 동굴과 기관총 발사 진지로 구축해 놓은 토치카를 볼 수 있다. 또한 화산재가 층층이 쌓인 웅장한 퇴적층도 볼 수 있으며, 분화구 근처에서는 화산 폭발로 만들어진 작은 알갱이인 스코리어(제주도에서는 송이라고 부른다)가 쌓여 있는 것도 볼 수 있다. 눈썰미가 있는 여행자라면 송악산이 단순히 하나의 분화구로 만들어진 것이 아님을 눈치챌 수 있다. 항공사진을 자세히 들여다보아도 중앙에 선명한 분화구를 확인할 수 있고, 그 분화구 바깥쪽으로 크게 원을 그리는 또 다른 분화구를 확인할 수 있다. 그렇다. 송악산은 이렇게 최소 여러 번에 걸친 분화의 결과물인 것이다. 수분과 접촉하면서 폭발한 화산은 화산재를 층층이 쌓아 놓지만, 육지에서 터진 화산은 팝콘처럼 화산 송이가 분화구 주변에 소복이 쌓인다. 결국 송악산을 돌면서 볼 수 있는 층층이 쌓인 퇴적층은 수성 화산의 흔적, 정상부를 오르며 본 검은색 자갈 크기의 알갱이는 육성 화산의 흔적이다.

순천만 습지

국제정원박람회가 열렸던 자연이 만든 생태 공원

이 사진은 2013년 국제정원박람회가 열렸던 순천만이다. 우리나라에서 습지 하면 아마도 창녕의 우포늪과 이곳 순천만을 떠올리지 않을까 싶다. 순천만 습지를 정원과 연결시킨 아이디어를 낸 사람은 누구일까. 절로 탄성이 나오는 발상이다. 어느 개그맨이 패러디 한 아랍계 부호가 떠오른다. 그 정도의 재산이면 순천만을 정원으로 가질 수 있으려나. 하지만 순천만은 찾아오는 모든 이에게 자연이 만든 생태 공원과 사람이 만든 아름다운 정원 모두를 제공하고 있다. 순천 사람들이 순천을 대한민국 생태 수도라 부르는 것도 별로 과장이 아닌 듯하다.

이 사진을 축소해서 순천만 전체를 바라보면 우리가 보통 순천만 습지라 부르는 곳은, 실제 순천만과 순천시를 흐르는 동천이 만나는 하구 일부에 불과하다. 순천만은 동쪽으로 여수반도, 서쪽으로 고흥반도 사이의 거대한 만이다. 순천만 습지는 동천이 남해로 유입하는 하구에 발달해 있는 전형적인 연안 습지이다. 기본적으로 갯벌이라 불리는 간석지가 넓게 펼쳐져 있고, 그 갯벌 사이로 바닷물이 들고 나는 물길, 즉 갯골이 예쁘게 돌아 나간다. 사람의 아름다운 체형을 비유하는 S라인이 여기에도 어김없이 적용되어 S라인 갯골이 되었다.

갯벌은 큰물이 차오르는 사리 때가 아니면 거의 물에 잠기지 않아 갯가 식물들이 자리 잡기에 알맞은 환경이 된다. 순천만에는 칠면초, 해홍나물, 퉁퉁마디와 같은 염생 식물이 자라는데, 사진에서 보듯이 이들은 특이하게도 둥글게 모여 산다. 진회색 뻘, 햇살에 반짝이는 갯골, 붉은빛 염생 식물, 그리고 저녁 서산에 걸린 노을까지 합쳐지면 그 어떤 인위적인 조합도 만들어 낼 수 없는 아름다운 색과 모양의 어울림이 펼쳐진다. 이 모든 걸 보려면 사진 오른쪽 해안가 숲속의 오솔길 끝에 있는 용산전망대에 올라야 한다. 제법 먼 길이지만 사람 키를 훌쩍 넘는 갈대밭과 그 속을 기고 헤엄치는 도둑게와 짱뚱어와 함께한다면 힘겹지만은 않을 것이다.

촬영: 2012년 12월

안골포

이순신 장군이 승전고를 울렸던 원형 만입지

해안을 따라 육지 쪽으로 움푹 들어간 곳을 만이라 부르는데, 사진에 나타난 만 안쪽에는 모래 해안과 갯마을 그리고 작은 부두가 들어서 있다. 일반적으로는 만의 내부보다는 만 입구의 폭이 넓은 것이 보통인데, 사진에 나타난 이곳은 만 내부가 거의 원형으로 매우 넓은 데 반해 입구는 상상 외로 좁다. 그래서 이름도 안쪽에 산골이 들어있다는 뜻에서 안골, 안골포이다. 이쯤 되면 아! 바로 이곳이 임진왜란 당시 이순신 장군이 승전고를 울렸던 안골포 해전의 안골포구나 하면서 고개를 끄덕일 것이다. 지형학적으로는 이러한 형태의 해안을 코브(cove) 해안이라 부른다. 마땅히 번역된 우리말 용어도 없고, 대부분의 지리학 교과서에서 언급되지도 않는다. 그렇지만 해안선이 복잡하기로 유명한 우리나라 몇몇 곳에서 이러한 코브 해안을 확인할 수 있다. 과거 금강산 해상 관광의 기착지였던 북한의 장전항도 전형적인 코브 해안이다.

이러한 코브 해안은 만 안쪽에 비해 만 입구의 암석이 더 단단한 경우, 만 입구는 침식이 더디지만 좁은 입구를 헤집고 들어온 파도가 만 안쪽을 더 많이 침식하면서 형성된 지형이다. 마치 유리병 닦는 솔로 병 안쪽을 박박 문지르는 것과 비슷하다고나 할까. 지금도 옛 성터와 안골포 굴강과 같은 수군 진지의 유적이 남아 있는데, 항공사진도 없고 지도도 변변치 않았던 시대에 장군은 어떻게 이러한 지형적 특성까지 전투에 활용할 수 있었는지 그저 고개가 숙여질 뿐이다. 배를 타고 먼 바다에서 안골포로 들어오면 원형 만입지의 지형적 특징을 온몸으로 느낄 수 있는데, 안골포―거제 간의 카페리 여객선이 거가대교 개통으로 운항을 중단하는 바람에 이마저 쉽지 않게 되었다. 항공사진을 축소하면 안골포 바깥쪽에 직선 형태의 지형들이 확인되는데, 이는 부산 신항이 조성되면서 만들어진 간척지들이다.

촬영: 2012년 10월

안동 하회마을
조선 시대 유교적 공간이 화석처럼 남아 있는

하회마을의 '하회(河回)'란 하천이 마을을 감싸듯 휘둘러 싸고 있는 모습을 말한다. 이웃한 내성천의 회룡포와 더불어 낙동강 연안에서 볼 수 있는 대표적인 수태극 형상의 취락 입지이다. 또한 경주의 양동마을과 더불어 조선 시대 대표적인 동족 촌락이자 우리나라를 대표하는 양반 마을의 하나이다. 이곳 하회마을은 일찍이 풍산 류씨가 입거하여 형성된 마을인데, 이후 류중영, 류경심, 류운룡, 류성룡 등 조선 중기 명학(明學)들을 배출한 바 있다. 사진에서 보듯 외부와의 접근이 극도로 불편한 그들만의 별천지이다.

하회마을에 가면 두 가지 독특한 공간 구조를 만날 수 있다. 하나는 기와집을 중심으로 에워싸듯 배치된 초가집들과 미로 같은 골목길이다. 반상이 구분된 이러한 공간 구조는 조선 시대 양반 중심의 신분 사회를 상징적으로 표현하고 있다. 다른 하나는 전통적인 배산임수(背山臨水)형과는 달리, 하회마을은 산을 등지고 있으되 마을과 산 사이에 넓게 논밭을 두고 있고 취락은 바로 강에 접해 있으며, 남향, 동남향과 같은 일반적인 가옥 좌향보다는 대부분의 가옥이 낙동강을 향하고 있다는 사실이다. 이 모두 지형 조건을 고려한 것이라 설명하고 있으나, 더 많은 연구가 필요하다.

촬영: 2012년 08월

양평 두물머리
남한강과 북한강이 만나는

경기도 양평군 양서면 양수리, 두물머리 부근을 촬영한 항공사진이다. 양수리와 두물머리는 강 두 개가 서로 만나는 곳이라는 의미의 한자어와 순우리말이다. 사진 위에서 내려오는 강이 북한강, 사진 오른쪽에서 흘러오는 강이 남한강이며, 합쳐진 한강에 경안천이 합류한 후 팔당협곡을 지나 서울로 접어든다. 팔당협곡에는 이를 가로지르는 팔당댐이 있는데, 팔당댐은 낙차를 이용하는 발전용 댐이 아니라 엄청난 수량이 만들어 내는 압력으로 발전하는 것으로 알려져 있다. 이 사진을 보면 두 물줄기가 합쳐지면서 좁은 팔당협곡으로 빠져나갈 때의 엄청난 압력을 충분히 상상할 수 있다. 두물머리의 정확한 지점은 북한강과 남한강이 만나는 지점에 형성된 하중도의 맨 아래쪽을 가리킨다.

한강의 주요 줄기인 북한강과 남한강이 만나는 곳이기에 하천을 통한 교통이 중요했던 시절, 이곳 두물머리는 북한강 상류의 정선, 남한강 상류의 단양, 그리고 한강 하류의 마포와 뚝섬을 연결하는 주요한 나루터였다. 그러나 1973년 팔당협곡에 댐이 축조되고 육상 교통로로 이용되면서 하천을 이용한 이동은 차단되고 나루터로서의 기능 역시 사라지게 되었다. 그렇지만 사진에 나타나 있듯이 두물머리가 위치하는 양수리를 세 갈래의 주요 교통로가 관통하고 있다. 중앙선 철도와 양수대교, 그리고 신양수대교가 그것들이다. 이제는 육상 교통로로서 새로운 역할을 다하고 있다. 또한 두물머리는 서울에서 비교적 가까운 거리에 있으며, 대규모의 수변 환경이 빚어내는 새벽 물안개, 강가에 늘어진 버드나무, 그리고 역할을 잃어버린 나룻배 등이 연출하는 경관이 많은 관광객을 불러들이고 있다. 두물머리를 멀리서 전체적으로 조망하기에는 양수리 서쪽 남양주시 조안면에 있는 수종사가 좋다.

촬영: 2011년 04월

에버랜드

국내 최초의 가족 놀이공원

1976년 국내 최초의 가족 놀이공원으로 문을 연 용인자연농원이 1996년 에버랜드로 이름을 바꾸었다. 경기도 용인에 위치한 에버랜드는 서울랜드와 더불어 수도권 최대의 놀이 시설로, 영동고속도로 마성 인터체인지를 나오면 에버랜드 정문까지 곧장 이어진다. 에버랜드는 산지로 둘러싸인 골짜기에 위치하면서 외부 세계와는 단절된 환상적인 공간을 만들어 낸다. 방문객들은 일단 정문에 들어서면 일상에서 완전히 벗어나 딴 세상 속으로 들어간 듯한 착각에 빠져든다. 또한 각종 이벤트와 어드벤처, 그리고 놀이 기구는 어린이들뿐만 아니라 젊은이들 심지어 나이든 사람들까지도 즐기고 있다.

에버랜드는 크게 네 구역으로 나누어져 있다. 사진에서 보듯이 왼편 호수 북쪽에는 골프장을 비롯해 삼성종합연수원, 삼성인력개발원, 호암미술관 등 삼성 기업과 관련된 시설이 있고, 사진 중앙의 주차장 남서쪽에는 '글로벌 페어', '아메리칸 어드벤처', '매직랜드', '유러피언 어드벤처', '주토피아' 등 다섯 개의 테마존으로 구분되어 있는 테마파크 구역이 있는데, 에버랜드를 대표하는 각종 축제와 퍼레이드, 사파리가 이곳에서 펼쳐진다. 한편 주차장 북서쪽에는 물놀이로 유명한 캐리비안 베이가 있으며, 주차장 동쪽에는 에버랜드의 또 다른 볼거리인 스피드웨이가 있다.

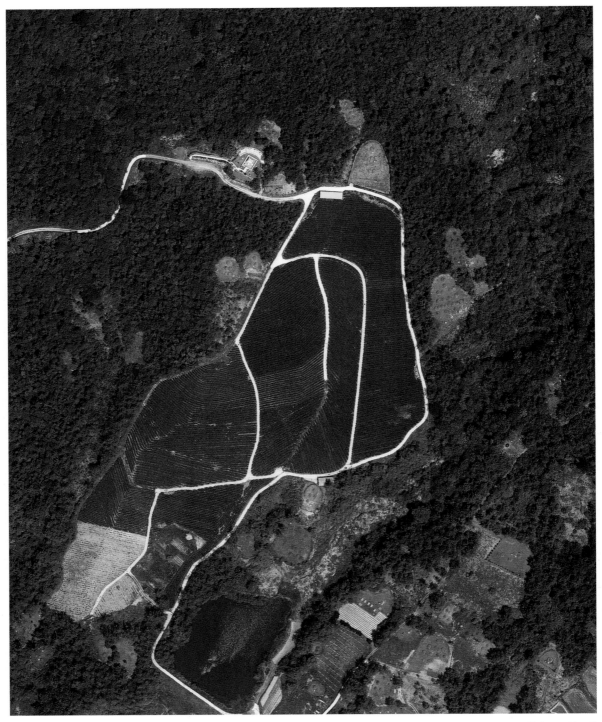

촬영: 2011년 05월

영암 덕진차밭

월출산이 잘 보이는 비밀의 정원

영암군 덕진면 운암리 일대에 조성된 덕진차밭은 월출산(809m) 맞은편 백용산(418m) 남쪽 산자락에 자리 잡은 작은 차밭이다. 월출산 자락에 있는 여타의 차밭보다는 규모가 크지만, 우리들에게 익숙한 보성의 대한다원이나 제주 서광다원의 규모에 비하면 아주 작다. 1979년에 조성된 이곳 덕진차밭은 한국제다가 운영하고 있는데, 키 작은 재래종 차나무가 주를 이룬다는 특징을 지니고 있다. 하지만 차밭 맨 꼭대기에 차밭을 관리하는 건물 이외에는 차를 시음하거나 판매하는 특별한 시설은 없다.

이곳 다원이 특별한 이유는 월출산 조망이 뛰어나다는 점 때문이다. 월출산은 규모는 작지만 평지에 우뚝 솟아 있다는 점이 남다른, 아주 작은 규모의 국립공원이다. 덕진차밭은 녹색의 융단같이 줄지어 늘어서 있는 차밭을 전경으로 삼아 울긋불긋 단풍이 아름다운 월출산을 사진에 담고자 하는 전문 사진가는 물론 아마추어 사진가까지 찾는 국민 포인트이다. 여기다 가을철 수확 직전의 노란색 논과 역전층에 의한 낮은 안개까지 더해지면 환상적인 경관이 연출된다. 하지만 이곳보다는 백용산 정상 정자에서 보는 월출산을 더 추천하고 싶다.

촬영: 2012년 11월

영양 구하도

반변천의 옛 물길

경상북도 안동 시가지 동쪽 끝 부분에서 두 줄기의 강물이 합쳐지는데, 북동쪽에서 안동 시가지로 유입하는 하천이 낙동강, 남동쪽에서 흘러드는 하천이 그 지류인 반변천이다. 또한 이 두 하천 물은 안동으로 유입하기 직전 모두 댐에서 방류된 것이다. 낙동강 본류에는 안동댐이, 반변천에는 임하댐이 축조되어 있다. 반변천을 따라 계속 동쪽으로 이동하면 경상북도에서도 가장 깊은 산간 지방인 영양으로 이어진다. 사진 왼쪽의 시가지가 바로 영양군 영양읍이다. 또한 사진 오른쪽의 물고기 모양의 고립 구릉지를 중심으로 원형으로 보이는 낮은 지역은 영양군 영양읍 삼지리이며, 사진 아래쪽에 가늘게 보이는 강줄기가 반변천이다.

영양군을 관통해서 흐르는 반변천은 골짜기를 따라 구불구불 흐르는 하천, 즉 전형적인 감입 곡류 하천이다. 감입 곡류 하천이라 하더라도 유로 변동이 나타나기 때문에, 반변천 곳곳에는 과거 유로에 해당하는 구하도가 남아 있다. 영양읍 시가지도 반변천의 구하도 구간에 자리 잡은 것이며, 오른쪽의 삼지리도 구하도 구간에 있다. 다만 차이가 있다면, 한 곳은 대규모 취락이 자리하여 시가지를 이루고 있지만, 다른 한 곳은 농경지로 개간되었다는 점이다. 삼지리 구하도는 다른 하천의 구하도 구간과 비슷하지만 나름의 특징이 하나 있다. 다름이 아니라 사진에서 볼 수 있듯이 과거 물길 위로 원당지, 연지, 파대지 등 세 개의 호소가 남아 있다는 점이다.

촬영: 2011년 08월

영종대교와 경인아라뱃길
개발을 위한 공간과 개발에 따른 공간

사진 좌상단의 개활지는 인천시 서구 백석동에 위치한 수도권 매립지로, 서울을 포함한 수도권에서 배출되는 매립용 폐기물이 쌓이는 공간이다. 오른쪽에는 골프장이 조성되어 있고, 가운데는 바둑판 모양의 현재 매립지이며, 왼쪽은 아직 자연 상태의 갯벌이다. 따라서 매립이 완료된 공간, 매립이 진행되는 공간, 그리고 매립이 진행될 공간으로 보면 된다. 이미 서울시 내부의 난지도 매립장은 두 개의 인공 산으로 바뀌었는데, 하늘공원과 노을공원이 그것들이다. 하늘공원은 한강과 서울월드컵경기장을 조망하며 산책하는 명소이며, 노을공원은 이곳과 마찬가지로 골프장이다. 사진에서 골프장이 조성된 1차 매립지 바로 아래에는 국립환경과학원, 국립생물자원관 등 환경부 산하의 연구 기관이 모여 있다. 정부는 최악의 환경으로 비춰질 수 있는 바로 이곳에 환경 연구를 위한 시설과 인력을 집중 배치하였다. 사진에서는 전혀 느낄 수 없지만, 이곳을 경험한 사람들은 매립지 소리만 들어도 메케한 메탄가스로 머리가 아파온다.

이 사진에서 주목할 점은 사진 아래의 다양한 교통로이다. 우선 인천공항고속도로가 지난다. 그리고 나란히 코레일공항철도가 달리고 있다. 이 도로나 철도로 영종대교를 건너면 서울의 관문이자 동북아시아의 허브 공항인 인천국제공항이 나온다. 매립지와 철도 사이에는 뱃길이 나 있는데, 이것이 바로 한강변 김포에서 서해 인천 앞바다로 이어지는 경인아라뱃길이다. 인천에서 한강으로 유입하는 작은 하천 중에 굴포천이 있다. 굴포천은 평야 지대를 흐르는 까닭에 배수가 원활하지 않아 주변 지역의 홍수를 방지하기 위해 서해 바다로 방수로를 만들려 했다. 그러다가 이 사업이 확대되어 인공 운하를 만들겠다는 구상으로 바뀌었다. 뱃길의 효율성에 대한 평가는 차치하고 명실상부한 육해공 교통로가 모두 이어지는 지역이다. 경인아라뱃길을 포함하면서 확충된 기간 교통망 덕분에 이 일대에 대한 개발 기대가 높아졌다. 실제로 사진 아래쪽 해안에는 영종대교를 바라보는 곳에 청라국제도시가 조성 중이며, 매립지 북쪽으로는 김포시의 검단신도시가 조성 중이다.

촬영: 2011년 10월

오름 왕국, 구좌

제주 동부 구좌읍 중산간 지대에 펼쳐진

이 사진은 오름 왕국 구좌읍의 모습이다. 오름은 작은 산봉우리를 뜻하는 제주 방언이다. 제주에는 이런 오름이 360여 개가 있다고 알려져 있다. 거의 400개에 육박하는 숫자이다 보니 제주도 어디서든 오름을 쉽게 만날 수 있지만 제주의 동북쪽을 여행하다 보면 유난히 많은 오름에 놀라게 된다. 한 연구에 따르면 이곳 구좌 지역에는 1km²당 0.38개꼴로 오름이 솟아 있는데, 평수로 따지면 약 2km²당 하나씩이다. 제주 하면 한라산이 떠오르지만 실제 제주 사람들의 생활은 멀리 있는 한라산보다는 가까이 있는 오름들과 더 밀접하다. 제주 사람은 오름에서 나서 자라고, 분화구 안에서 농사도 짓고, 주변 비탈에서 말도 키우고, 또 죽으면 오름에 묻힌다. 관광 홍보 사진들 때문에 억새가 장관을 이루거나 초원 같은 오름만을 떠올리기가 쉽지만, 분화구 안으로 농사를 짓는 곳도 있고, 완전히 무덤으로 뒤덮인 오름도 있다.

구좌는 행정 구역으로 정확히 말하자면 제주특별자치도 제주시 구좌읍이다. 예로부터 '좌'는 임금을 기준으로 왼쪽을 말하는데, 남쪽을 바라본다면 왼편은 '동'쪽이다. '구'는 옛날을 의미한다. 즉 제주 동쪽의 오래된 읍이라 보면 된다. 그럼 신좌는 어디일까? 조천읍이 신좌다. 조천읍은 제주의 동쪽에 있는 해안 마을로, 제주에서 가장 크고 안전한 해수욕장인 함덕해수욕장이 이곳에 있다. 제주는 동서 방향으로 길쭉한 타원형인데 한라산을 중심에 놓고 남북으로 나누면 북쪽은 제주시, 남쪽은 서귀포시다. 과거 제주시와 북제주군이 제주시로, 서귀포시와 남제주군이 서귀포시로 통합되었는데, 북제주군에 속했던 곳이 동쪽의 구좌와 조천, 서쪽의 애월, 한림, 한경이다. 남제주군에 속했던 곳은 동쪽의 성산, 표선, 남원 그리고 서쪽의 대정과 안덕이다.

용산역

미래 서울의 도심을 꿈꾸었던, 그러나 이젠 욕망의 덫이 되고 만

용산역 주변은 지리적인 관점에서 보면 다양한 이점을 갖추고 있다. 우선 서울 도심에서 아주 가까이 있어 접근성이 좋으며, 철도 및 도시 철도망과 도로 등 인프라가 잘 갖춰져 있다. 또한 한강의 범람원에 해당되어 평탄한 땅이 넓게 펼쳐져 있다. 이러한 장점 때문에 일찍이 용산역이 개발되었고, 용산역을 시발역으로 1905년 경부선, 1906년 경의선, 1914년 경원선이 개통되었다. 현재에도 호남선 KTX를 비롯한 호남선, 전라선, 장항선의 출발역이다. 하지만 이러한 장점은 단점으로도 작용했는데, 을미사변 때 청국의 군대가 주둔했으며, 청일 전쟁 때는 일본 군대가 진주해서 광복까지 주둔하기도 했다. 그 이후 오늘날까지 미군이 주둔하고 있는데, 이곳에 있는 미군 지휘부와 한강 이북 미 제2사단 예하 부대는 평택에 새로 조성하고 있는 미군 기지로 이전할 예정이다.

용산역을 중심으로 하는 이 일대가 세간의 관심을 모으게 된 것은 최근의 일이다. 막대한 사업비가 투입되는 단군 이래 최대의 도심 개발 사업인 용산개발사업이 2006년부터 진행되어 2016년에 완공될 예정이었다. 사진 중앙의 용산역 서쪽 공터인 과거 용산철도정비창 부지와 그 반대편의 서부이촌동을 합친 56만 6000m² 부지에 국제 업무 기능을 갖춘 대규모 복합 단지를 건설하겠다는 대규모 프로젝트가 추진되었던 것이다. 그러나 2008년 글로벌 금융 위기로 인한 급속한 부동산 경기 하락으로 사업 추진이 지지부진해 오다가, 결국 2013년에 청산 절차에 들어갔다. 사업이 백지화되면서 코레일을 비롯한 30개 출자사들은 막대한 투자금을 날리게 되었고, 그 책임을 놓고 코레일과 민간 출자사들 간 대규모 소송전이 이어질 것으로 전망된다.

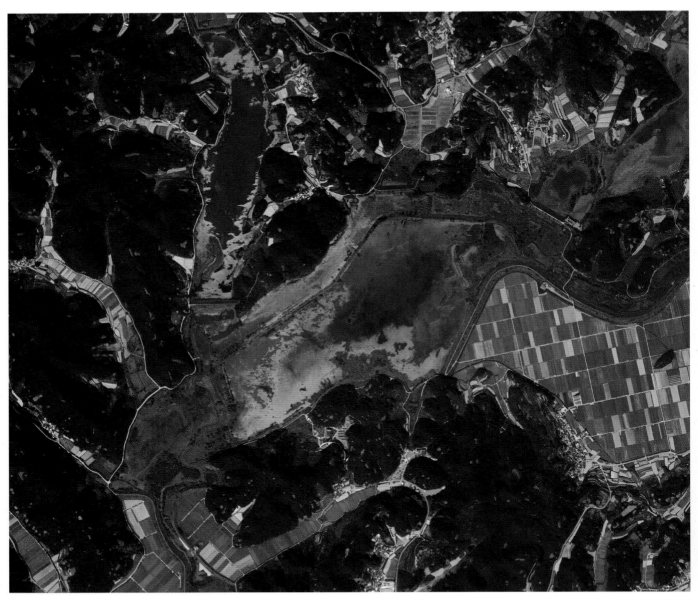

촬영: 2011년 10월

우포늪

낙동강이 만들어 낸 남한 최대의 내륙 자연 습지

습지는 최근 들어 가장 주목받는 지형 경관 중 하나인데, 일정 기간의 수몰기를 거쳐 습지 식생이 습지 토양에 서식하면서 만들어진다. 우리나라는 지난 2008년 람사르 협약의 당사국 총회가 창원에서 개최되었을 정도로, 습지에 관한 사회적인 관심도 높고 그에 따른 일반인의 인지도도 매우 높다. 그렇지만 "숲은 보지 못하고, 나무만 본다."라는 말이 있듯이, 습지 역시 그 안으로 일단 들어가 버리면 습지라는 대상을 전체적으로 바라보기보다는 습지를 구성하는 요소 하나하나에 주의를 잃어버리기 십상이다. 이런 측면에서 항공사진을 이용해 우포늪을 살펴보면 현장에서 진행되는 습지 탐방과는 또 다른 이야기를 끌어낼 수 있다.

사진 중앙부에 호수처럼 물이 고여 있는 부분이 우포늪이다. 그리고 우포늪을 중심으로 오른쪽과 왼쪽을 연결하는 하천이 흐르는데, 사진 맨 왼쪽에 있는 토평천은 낙동강 본류로 유입된다. 엄밀히 이야기하면 우포늪은 토평천 상류 쪽으로 사지포, 하류 쪽으로 형성된 목포늪과 쪽지벌을 포함해 모두 4개로 이루어져 있다. 우포늪이 물이 잔뜩 고인 호수처럼 보이는 것은 우포늪의 형성 과정과 관련이 깊다. 우포늪이 형성된 경상남도 창녕군을 흐르는 낙동강은 하류 구간에 해당하고 하천의 경사는 극히 완만하다. 하천의 유량이 불어날 경우 경사가 완만한 낙동강에서는 하류로 배수하는 것 외에 주변의 지류로 본류의 물이 거꾸로 흐르는 현상이 나타난다. 우포늪 역시 이렇게 낙동강 본류의 물이 지류인 토평천으로 거슬러 흘러 배후의 저지대에 고이면서 형성된 것이다.

우리나라 하천 주변의 늪지대들은 인공적으로 배수하고 제방을 쌓아 관개하면서 농지로 전환되었다. 우포늪 주변도 예외는 아니어서 우포늪 동쪽은 대대제방으로 막고 토평천을 직강화하면서, 우포늪을 중심으로 상류와 하류 모두 농경지로 바뀌었지만 다행히 우포늪은 자연 상태를 유지하고 있다. 주남저수지나 화포천습지와 마찬가지로, 우포늪처럼 상류로부터 유입량이 많은 습지는 인공적으로 완전히 메울 수 없다. 여름철 많은 비가 내린 후 우포늪을 찾으면 부쩍 늘어난 유량으로 수위가 상승해서 버드나무의 허리춤까지 물에 잠긴 모습을 발견할 수 있다. 수면에 서식 하는 다양한 식물과 이곳을 찾는 아름다운 새들을 관찰하는 것도 흥미로운 일이지만, 항공사진을 통해 알게 된 우포늪의 형성 과정과 천연 저류지 및 생태 서식지로서의 기능을 되새기는 것 또한 의미가 있다.

촬영: 2013년 02월

울돌목

조류의 빠른 물살과 방향 전환을 이용한 조선 수군 최대 승전지

2014년 여름, 한국 영화사를 새로 쓴 작품이 상영되었다. 바로 '명량'이다. 임진왜란 당시 이순신 장군의 명량해전을 소재로 드라마화한 것인데, 그 배경이 되는 곳이 바로 이곳 진도 울돌목, 명량해협이다. 울돌목은 물 흐르는 소리가 대단히 요란하여 붙여진 이름으로, 가장 좁은 부분은 불과 약 300m밖에 되지 않으며, 최대 유속은 밀물 때 약 6.5m/s에 이른다. 사진에 보이는 진도대교는 1984년 우리나라 최초로 건설된 사장교로, 건너편 해남의 화원반도와 진도를 연결한다. 물살이 빠르고 거센 곳이라 교각을 바다에 세우지 못하고 양쪽 육지에 교각을 세우고 철제 케이블로 다리 상판을 끌어당겨 지탱하는 방식인데, 하늘에서 보기에도 멋지고 직접 건너면 더 멋지다. 2005년 12월에는 똑같은 모양의 제2진도대교가 바로 옆에 하나 더 세워졌다. 진도대교를 통해 진도 쪽으로 건너오면 휴게소 뒤편 산 정상부에 녹진전망대가 보이는데, 진도대교와 울돌목을 조망할 수 있는 좋은 지점이다.

울돌목에서는 밀물 때에는 동쪽에서 서쪽으로, 썰물 때에는 그 반대로 물이 흐른다. 화원반도 쪽 진도대교 옆으로는 우수영국민관광지가 조성되어 있고, 진도대교를 진입하기 직전에 있는 휴게소에 들르면 해안 산책로를 따라 실제 울돌목 물이 우는 소리를 들을 수 있다. 조류의 유속이 빠르면 작은 암초 등 고정된 물체 주변으로 물살이 흐르면서 부서져 뒤로 물결이 생기는데, 흡사 작은 선박이 속도를 내며 달리는 것과 같은 착각을 일으킨다. 사진을 찍을 당시는 밀물과 썰물의 교체기라 뚜렷하지 않지만 교각 아랫부분에 부딪혀 부서지는 물결이 일부 보인다. 조수 간만의 차가 커지는 사리 때에는 엔진으로 항해하는 선박도 울돌목에서 맥을 못 추는데, 임진왜란 당시의 배들로 이러한 자연적 제약을 극복하며 대첩으로 이끈 이순신 장군이 다시금 존경스럽다. 명량해전 생각을 하면 바다 우는 소리도 소리지만, 전투 당시 힘겹게 노를 젓는 격군의 신음도 들리는 것 같아 마음이 힘겨워진다.

촬영: 2011년 09월

울릉도 88도로(일명 달팽이도로)

울릉도의 급경사를 극복하기 위한 상징적 도로

울릉도 개척령이 반포된 1882년 이주민이 처음 정착한 곳은 섬의 동남쪽에 있는 도동이 아니라 섬 북서쪽에 있는 태하였다. 하지만 이미 도동은 일부 시가지의 모습을 갖추고 있었으며, 그 후 1902년부터 현재까지 울릉도의 행정, 교육, 관광 등의 중심지 역할을 해 왔다. 육지에서 오는 모든 여객선들은 이곳 도동에 기항한다. 도동의 북쪽에는 울릉도의 어업 중심지인 저동이 있고, 도동의 남쪽에는 최근 울릉도 신항으로 개발된 사동이 있다. 울릉도는 경사가 급해 도로를 내기가 어려운데, 특히 도동과 사동 사이의 사동재는 그 경사가 매우 급해 정상적인 도로를 개설하기 힘들었으며, 폭설이 잦은 겨울철에 사동재를 넘는 것은 거의 불가능에 가까웠다.

사진에 보이는 도로는 급경사인 울릉도의 지형을 고려해서 만들어진 도로로, 일종의 나선형 고가 도로이다. 사진 우상단에 있는 도로를 따라 처음 나오는 나선형 도로가 무릉교이고 그다음이 울릉대교인데, 무릉교를 지나면 바로 사동재 정상이다. 사동재 북서쪽에 있는 붉은색 지붕은 울릉군에서 운영하는 숙박 시설인 울릉콘도이고, 아래쪽 시설물들은 모두 군부대의 시설들이다. 나선형 고가 도로는 88도로 혹은 달팽이도로라 불리는데, 건설된 지 30년이 훨씬 넘어 노후화되었고 도로 폭이 좁아 대형 트럭의 통행이 쉽지 않았다. 이를 해결하고자 2007년 도동과 사동을 잇는 울릉터널이 완공되었고, 이제 이 88도로는 사동재 부근에 용무가 없으면 별로 이용하지 않는 추억의 길이 되었다.

촬영: 2012년 05월

울산바위

화강암이 만들어 낸 거대한 성벽

설악산 하면 '높은 산'이라는 느낌이 들고, 지리산 하면 '깊은 산'이라는 느낌이 든다고 하면 좀 억지일까? 설악산은 화강암으로 이루어진 대표적인 산이고, 지리산은 편마암으로 이루어진 대표적인 산이다. 화강암은 땅속에서 마그마가 식어서 만들어진 암석이고, 편마암과 같은 변성암은 일단 한번 만들어진 암석이 오랜 세월 열과 압력을 받아 성질이 바뀌어 만들어진 것이다. 그런데 화강암 산지가 높은 산이라는 느낌을 주는 것은 아마도 대머리 산 또는 봉우리를 연출하기 때문일 것이며, 편마암 산지가 깊다는 느낌은 넉넉한 품에 깊은 계곡과 울창한 숲을 간직해서일 것이다.

항공사진은 하늘에서 수직으로 아래를 내려다본다. 그러니 그 어떤 높은 산도 그 높이감을 유지할 수 없다. 특히 서울 동북부 어디서든 볼 수 있는 북한산 인수봉은 하늘에서 보면 흰색 동그라미 하나라서 알아보기도 힘들다. 그러나 설악산 울산바위는 푸른 숲으로 덮인 거대한 산체에 전설의 무사가 휘두른 검이 지나간 자국마냥 뚜렷이 확인된다. 사진 동쪽으로 속초시가 위치하는데, 속초에서 미시령을 오르다 보면 남서쪽에 우뚝 서 있는 울산바위가 거대한 병풍 모양의 위용을 자랑한다. 외설악 관광지인 신흥사에서 산행을 하면서 맞닥뜨리는 울산바위는 시선이 가는 방향으로 끝없이 이어지는 거대한 바위산이라, 도대체 어디가 끝인지 모를 정도로 위압적인 모습을 보여준다.

역설적으로 들릴지 모르지만 화강암이라는 암석은 야누스와 같은 양면성을 지니고 있다. 어느 화강암 지역에서는 앞서 이야기한 것처럼 거대한 대머리 산이 나타나는가 하면, 또 어떤 화강암 지역에서는 다른 암석들은 남겨둔 채 화강암만 침식되어 분지가 만들어지기도 한다. 설악산, 월악산, 월출산, 관악산 등 풍수에서 악산에 해당하는 산들은 대부분 화강암 산지이다. 동글동글한 바위 하나만 남아 흔들바위를 만들기도 하고, 탑처럼 차곡차곡 쌓여 위태위태한 경관을 연출하기도 하며, 또 거대한 중세 성벽을 연상시키는 절벽을 형성하기도 하는 주인공이 바로 화강암인 것이다. 한편 춘천, 여주, 이천, 김제 역시 화강암이 만들어 낸 분지에 위치하는 도시들로, 이 모두는 침식 작용의 결과이다.

촬영: 2011년 11월

을숙도

낙동강 하굿둑이 지나는 생태 친수 공간

낙동강 하구 김해 삼각주는 많은 하중도와 하중도 주변의 습지, 그리고 남쪽 해안의 사주섬으로 이루어져 있는데, 이 사진은 을숙도를 내려다보고 있다. 하중도는 남북 방향으로 고구마 모양, 사주섬은 동서 방향으로 눈썹 모양이라 생각하면 쉽게 구분할 수 있고, 하중도 중에서 을숙도는 좌우로 연결되는 낙동강 하굿둑으로 쉽게 확인할 수 있다. 1987년 처음 완공될 당시 하굿둑에는 을숙도의 동쪽으로 부산광역시 하단과 연결되는 부분에 10개의 수문이 설치되었고, 서쪽으로 명지와 연결되는 부분은 수문이 없는 제방(토언제)을 쌓았다. 그러나 하굿둑 배수를 원활히 하기 위해 서쪽 부분에도 수문 공사가 진행되어 2013년 8월 6개의 수문이 완공되었다. 원래 을숙도는 일웅도라는 섬과 분리되어 있었으나 하굿둑 공사가 진행되면서 두 섬은 합쳐졌고, 현재는 이 두 섬을 합쳐 을숙도라 한다. 을숙도 최남단을 관통하는 다리는 사하구와 명지를 연결하는 을숙도대교이다. 계획 당시의 이름은 명지대교였고 직선으로 설계되었으나, 철새 도래지 보호를 위해 곡선 형태로 시공되었다.

1966년 천연기념물 제179호로 지정될 정도로 을숙도 일원은 대표적인 철새 도래지였다. 을숙도를 포함한 낙동강 하구 지역은 갯벌과 습지의 생물 다양성, 풍부한 수산 자원, 철새 도래지 등을 보전하기 위해 총 다섯 개의 생태계 보전 및 보호 구역으로 지정되어 있다. 하굿둑 공사가 진행되기 전 을숙도와 일웅도는 모두 갈대숲으로 이루어진 모래섬이었으나, 이후 을숙도는 주로 대파와 원예 작물을 재배하는 밭으로 이용되었다. 하굿둑 공사 후 부산광역시를 중심으로 을숙도의 생태계를 복원하는 작업이 진행되어, 현재 사진에 나타난 것과 같이 을숙도 남쪽은 자연 상태의 친수 공간으로 환원되었고, 섬 북단의 일웅도 지역은 4대강 사업으로 인공 습지가 조성되었다. 을숙도 내부에는 낙동강하구에코센터가 설치 운영되고 있다. 이곳에서는 낙동강 하구의 생태적 특성과 가치를 배우고, 철새 탐조 등의 체험 활동을 할 수 있으며, 낙동강하구에코센터에서 운영하는 사하구 아미산전망대에서는 낙동강 하구를 시원하게 조망할 수 있다.

촬영: 2013년 03월

인천국제공항

동북아시아 최고의 허브 공항을 꿈꾸는 대한민국의 관문

인천국제공항은 급증하는 항공 수요에 대처하고 동북아시아 최고의 허브 공항을 목표로, 1992년 인천 앞바다 영종도, 용유도, 삼목도, 신불도와 그 사이의 바다를 매립하면서 착공되었고, 8년 4개월의 공사 끝에 2001년 개장되었다. 제2단계 확장 공사가 완료된 현재 축구장 7,800개 규모인 총 5606만 km²의 부지에 A380기 등 초대형 항공기의 동시 이착륙이 가능한 3개의 활주로를 갖추고 있다. 총면적 66만 2000km²의 여객 터미널 및 탑승동, 25만 8000km²의 화물 터미널, 108개소의 여객기 계류장과 36개소의 화물기 계류장 등을 구비하고 있다. 인천국제공항의 입출국 평균 소요 시간은 입국 13분, 출국 18분으로 세계에서 가장 빠른 수준이며, 환승 최소 연결 시간도 45분으로 주변국 경쟁 공항에 비해 앞서고 있다.

인천국제공항은 서울, 수도권과는 영종대교를 통해 연결되고, 인천과는 인천대교를 통해 연결된다. 2007년부터 운행을 시작한 코레일공항철도는 현재 인천국제공항과 김포국제공항을 도심과 연결하고 있는데, 서울역과 인천국제공항역까지 논스톱으로 달릴 경우 43분에 주파할 수 있다. 2014년부터는 경의선과 공항철도 사이에 연결선을 건설하여 KTX를 인천국제공항역까지 운행하고 있다. 인천국제공항은 탑승객 및 환승객을 위한 각종 편의 시설을 구비하고 있으며, 다양한 볼거리, 즐길 거리를 제공함으로써 세계적으로 이용객 만족도가 매우 높은 공항으로 인정받고 있다. 이에 인천국제공항은 2004년부터 2009년도까지 국제공항협의회가 실시하는 공항 서비스 평가에서 5년 연속 최우수 공항으로 선정되었다.

촬영: 2013년 03월

인천항 갑문

조수 간만의 차를 극복하기 위한

인천항은 조선 시대 제물포라는 이름으로 불리던 군항이었다. 경제 교류를 위한 항구로서의 역할도 컸지만 수도권 방어를 위한 군사적 요충지이기도 했다. 그리하여 인천항은 조일 수호 조규(朝日 修好條規: 강화도 조약)에 의해 부산항, 원산항에 이어 1883년 강제로 개항되었다.

큰 조수 간만의 차를 해결하기 위해서 1911~1918년에 걸쳐 제1독이 준공되었다. 그리고 1966~1974년에 제2독을 준공하였으며, 월미도와 소월미도 사이에 갑거(閘渠)를 축조하고 그 사이에 갑문을 설치하여 인천항(현 인천 내항)은 조수 간만의 영향을 받지 않는 항구로 탈바꿈하였다. 현재 인천 내항에는 국제 여객 부두와 우리나라 최초의 컨테이너 부두가 운영 중이다.

사진에서 갑문의 위쪽이 월미도이고 아래쪽의 작은 숲이 소월미도이다. 갑문은 이 두 섬 사이에 조성되었는데, 1974년 준공 당시에는 1만 톤급 갑문(사진에서 위쪽 수로)이 하나였으나 1989년 5만 톤급 갑문(사진에서 가운데 수로)이 하나 더 준공되어 현재에 이르고 있다. 이곳 5만 톤급 갑문은 현재 동양 최대의 규모이다. 갑문 개방 행사 기간 중에 가족과 함께 인천항 갑문을 방문하면 인천 내항 안 바다 전경은 물론, 갑문식 독을 통하여 대형 화물선 및 여객선 등이 입·출항하는 모습을 가까이서 지켜볼 수 있다. 현재 인천항은 이곳 갑문 안 인천 내항뿐만 아니라 북항, 남항, 그리고 2020년 완공을 목표로 하는 신항 등 4개 항으로 구성되어 있고, 그 규모는 내항의 규모를 훨씬 넘어선다.

잠실종합운동장

한국 스포츠의 산실

잠실종합운동장은 1986년 아시아경기대회와 1988년 서울 올림픽대회를 위해 기존의 잠실 체육관 부지 주변에 형성된 스포츠 종합 콤플렉스이다. 이 단지 내에는 올림픽주경기장, 실내체육관, 야구장, 수영장, 하키장 등이 있다. 그리고 1만 대 이상의 주차 공간을 갖춘 주차장이 있으며, 공항과 도심에서 쉽게 접근할 수 있도록 올림픽대로와 연결되어 있다. 또한 지하철, 버스 등 대중 교통수단도 잘 연결되어 있어 처음 개장되던 때와는 달리 현재는 완전히 도심 속 체육공원으로 바뀌었다.

잠실은 원래 한강 하중도에 해당한 곳이었다. 1970년대 초반 물막이 공사로 남쪽의 한강 지류(당시 송파강)를 육지로 만들면서 오늘날의 잠실 지역이 등장하였다. 이후 이곳에 건설된 잠실종합운동장 덕분에 우리나라 스포츠의 역사적 산실이 되었고, 롯데월드, 롯데백화점을 비롯한 각종 편의 시설이 들어서면서 대단위 주거 단지로 또 한 번 변신하였다. 사진 상단에 가장 큰 경기장이 육상, 축구 등이 진행되는 올림픽주경기장이고, 오른편 흰색 원형 지붕이 실내체육관, 그 아래 푸른색 지붕이 수영장이며, 하단에 있는 경기장이 현재 두산 베어스와 LG 트윈스가 홈 경기장으로 쓰는 잠실야구장이다.

촬영: 2011년 04월

증도 태평염전

우리나라 최대의 천일염전

소금은 음식물일까, 광물일까? 어리석은 질문처럼 들리겠지만, 바닷물을 햇볕과 바람으로 말려 얻는 천일염은 적어도 2008년까지 법적으로는 광물이었다. 1990년대 천일염업은 사양화로 폐전의 위기를 맞기도 했지만, 건강한 식탁을 바라는 국민의 관심과 요구 덕분에 다시금 천일염이 식탁에 오르게 되었다. 이제 천일염은 건강식품으로서 각광을 받는 귀한 신분이 되었다. 사진에 보이는 염전은 신안군 증도면에 있는 태평염전이다. 증도와 대초도 두 섬 사이를 막아 조성한 국내 최대 단일 염전이다. 67개의 소금밭과 같은 개수의 소금 창고가 4.6km²의 땅에 끝이 보이지 않을 정도로 뻗어 나가는 모습은 가히 장관이라 할 수 있다. 그 길이는 무려 3km나 된다.

우리나라 천일염전의 역사는 1907년 인천 주안에 조성된 염전에서 시작한다. 현재는 전라남도 신안군의 염전에서 우리나라 천일염 대부분을 생산하고 있다. 신안군의 섬들은 간석지가 넓게 발달해 있고, 강수량이 적어서 염전을 조성하기에 적합한 환경이다. 특히 간척지를 조성해도 농업용수의 조달이 어려운 점이 염전 조성에 크게 작용했다. 이 중 1948년 비금도 주민들의 노력으로 조성된 대동염전과 한국 전쟁 이후 피난민을 정착시키기 위해 조성된 이곳 태평염전이 대표적이다. 태평염전의 동쪽 끝에는 소금박물관이 있고 소금 아이스크림(소금으로 만든 아이스크림은 아니다!) 가게 뒤편에는 소금밭전망대가 있는데, 이곳에 오르면 태평염전의 진면목을 볼 수 있다.

소금밭전망대에서는 염전과 대비되는 특이한 경관이 함께 눈에 들어오는데, 염전 바로 옆에 조성된 염생식물원이다. 엄밀히 말하면 조성했다기보다는 그냥 자연 상태로 놔둔 것이라 할 수 있다. 과거 간석지에 조성된 염전에 자연스레 자라나던 염생 식물, 특히 함초와 같은 식물은 천덕꾸러기로 여겨져 뽑히고 버려지는 운명이었다. 하지만 요새 함초는 아주 훌륭한 건강식품으로 바뀌었다. 천일염의 운명과 함초의 운명이 어째 비슷한 듯 아련하다. 전쟁 피난민의 아픔과 고단한 삶이 소금 결정으로 맺히고, 함초의 통통마디로 영그는 것 같아서다. 태평염전이 자리 잡고 있는 증도는 아시아 최초로 지정된 슬로시티로도 잘 알려져 있다. 이곳 증도에서는 섬의 생태 환경을 관광 자원으로 적극 활용한 에코투어리즘이 성공적으로 진행되고 있다.

지족해협 죽방렴

해협의 거센 조류를 이용한 전통 어업 방식

경상남도 남해군은 크게 두 개의 섬, 즉 남해도와 창선도로 이루어져 있다. 남해도와 창선도의 형상을 단순화해 보면 영어 알파벳 대문자 'H'와 비슷한 모양인데, 여기서 창선도를 떼 내면 남해도는 소문자 'h' 모양과 비슷해진다. 남해도는 우리나라에서 네 번째로 큰 섬이다. 이 사진은 남해도와 창선도를 잇는 지족해협을 촬영한 것이다. 지족해협의 한가운데로는 두 섬을 연결하는 창선교가 가설되어 있다. 사진에서 보면 창선교 양쪽에 일정한 간격으로 컴퍼스 다리를 벌려 놓은 것처럼 보이는 것들이 여럿 있는데 이것들이 바로 죽방렴이다. 죽방렴은 지족해협과 같이 물살이 빠르고 조수 간만의 차가 크며 수심이 얕은 곳에서 이루어지는 전통 어업 방식이다. 물이 흐르는 방향으로 벌어진 입구를 통해 물고기가 들어오면 점점 좁아지는 통로를 따라 한곳에 모이게 되고 썰물 때 그곳에 모인 물고기를 건져 내는 방식이다.

보통 죽방렴을 이용해 잡아들이는 어종은 멸치이다. 일반적으로 멸치는 배에서 그물을 이용하여 잡아 올린다. 그물에 걸린 멸치를 다시 떨어내는 과정에서 멸치 비늘에 상처가 나기 마련인데, 죽방렴을 통해 건져 올린 멸치는 비늘이 온전하고 오랜 시간 생존해 있어 최상품 멸치로 인정받는다. 죽방렴은 사진에서 보이는 지족해협 외에 창선도와 삼천포 사이 해협에도 설치되어 있지만 숫자는 지족해협에 크게 못 미친다. 죽방렴은 사진에서처럼 해협 한가운데에 설치된 것이 많지만 육지 가까이에 설치된 것도 있어, 실제 지족해협을 여행하다 보면 물고기가 어떻게 죽방렴에 잡히는지를 실감나게 확인할 수 있다. 죽방렴과 비슷한 어업 방식으로 석방렴이 있는데, 이것은 바닷가에 돌담을 쌓아 놓고, 밀물에 들어와서 갇힌 물고기를 썰물 때 건져 내는 방식이다. 조수 간만의 차이를 이용한다는 점에서는 죽방렴과 마찬가지이다.

촬영: 2012년 12월

진해만

해군 사랑, 진해 사랑, 나라 사랑

장복산이 병풍처럼 둘러싸고 있는 해안에 자리 잡은 도시는 진해이고, 진해만은 동쪽으로 부산광역시 강서구 가덕도부터 경상남도 거제도와 옛 마산의 구산반도에 이르는 거대한 해역을 가리킨다. 진해만의 내만으로는 옛 마산의 합포만이 포함된다. 진해를 둘러싸고 있는 장복산은 서쪽으로부터 산성산-장복산-웅산-천자봉으로 이어지는 환상 구조의 반원형 산지이다. 일찍이 진해는 일제에 의해 해군 군항으로 개발되었고, 해방 후에도 군사 도시로서 기능을 계속해서 이어가고 있다. 진해 지역 해안은 대부분 해군 기지에 편입되어 민간인의 출입이 제한되고 있으며, 항공사진에서도 시가지와 해안 사이에 초록으로 표시된 지역이 모두 여기에 해당한다. 사진 중앙에서 남쪽으로 돌출한 반도가 관출산인데, 이 산을 기준으로 서쪽 해역은 모두 해군 기지에 속한다. 반면에 동쪽으로는 부분적으로 민간 항구가 개발되어 있는데, 연안 어업항인 속천항과 산업항인 장천항이 그것들이다.

진해는 해군 도시이자 벚꽃 축제의 도시이다. 해마다 4월이면 진해 시가지 전역에서 군항제가 열린다. 군항제는 충무공 이순신 장군의 호국 정신을 기리기 위한 축제로 출발하였다. 진해시 전역을 수놓는 36만 그루의 벚나무가 빚어내는 장관은 축제의 분위기를 한껏 고조시키는데, 다가온 새봄을 즐기기 위해 많은 상춘객이 진해를 찾는다. 아마도 벚꽃이 만발한 시기에 항공사진을 촬영했다면 장복산의 초록이 벚꽃의 분홍빛으로 상당 부분 희석되었을 것이다. 진해 시가지 동쪽의 산지에는 시가지 어디에서나 볼 수 있는 시루봉과 천자봉이라는 독특한 형태의 암봉이 형성되어 있다. 장복산 산지는 한반도에서 화산 활동이 활발했던 중생대에 형성된 것으로 알려져 있는데, 이때 형성된 떡시루 모양의 시루봉과 주상 절리 형태의 천자봉은 진해와 대한민국 해군을 지키는 수호신처럼 시가지를 굽어보고 있다. 진해시가 창원시에 통합되고, 대한민국 해군의 주요 기능이 부산으로 이전하고, STX조선해양이라는 대형 조선소가 들어왔지만, 해군 도시 진해의 정체성은 지금도 여전히 유효하다.

촬영: 2011년 11월

창녕교동고분군
철의 왕국 가야를 이끌었던 조상들의 흔적

가야는 B.C. 1세기경부터 A.D. 6세기 중엽까지 경상남도와 경상북도 지역에 걸쳐 형성되었던 소국 연맹체이다. 변한 지역에 형성된 금관가야(김해), 아라가야(함안), 고령가야(진주), 대가야(고령), 성산가야(성주), 소가야(고성)의 6개 주요 소국과 비화가야(창녕) 같은 여러 개의 소국들로 형성되었다. 한반도 남부 해안을 장악한 가야는 고구려, 백제, 신라와는 달리 중국, 일본 등의 동아시아 국가뿐만 아니라 서아시아 등과도 활발하게 해상 교역을 하였다. 또한 풍부한 철 생산을 바탕으로 당시 고구려, 신라 등에서는 만들지 못했던 철제 갑옷, 철제 무기, 철제 도구 등을 만들어 철기 문화를 꽃피웠다. 대부분의 가야국들이 낙동강 중·하류의 서쪽 지역 일대를 주요 근거지로 삼았던 데 반해, 창녕의 비화가야는 낙동강 중·하류의 동쪽 평원과 산사면을 중심으로 발달하였다.

사진은 비화가야의 중심지였던 창녕의 고분군이다. 창녕 북동쪽에 있는 목마산 서쪽 기슭에 자리 잡고 있으며, 원래는 하나의 고분군이었으나 20번 국도가 지나면서 동쪽은 송현동고분군, 서쪽은 교동고분군으로 나뉘어 불리고 있다. 1911년 일본인 학자 세키노 다다시(關野貞)에 의해 처음 알려졌으며 1917년, 1918년에 일본인들에 의해 발굴 조사가 이루어졌다. 토기와 금속 유물, 목기, 철기에 이르는 다양한 생활 도구들이 출토되어 창녕 지역의 역사와 삶을 연구할 수 있는 기초적인 학술 정보가 제공되었다. 그러나 아쉽게도 일제 강점기에 발굴 조사가 이루어짐으로써 유물이 해외로 반출되어 사라져 버렸다. 20세기 초만 해도 150기가 넘는 고분이 있었다고 하나 현재는 사진에 보이는 30여 기만이 남아 있다. 이곳 고분군도 금관가야의 대성동고분군이나 다른 가야 고분군들과 마찬가지로 능선을 따라 다양한 크기의 무덤들이 줄지어 늘어서 있다. 이는 권력의 크기가 다른 왕과 귀족층의 무덤이 한 자리에 모여 있는 형상으로, 당시 비화가야 사회상의 일면을 엿볼 수 있다.

촬영: 2011년 09월

창선·삼천포대교

한국의 아름다운 바닷길

한려해상국립공원으로 지정된 거제–통영–남해 일대에는 올망졸망 아름답기 그지없는 섬들이 펼쳐져 비경을 이루고 있다. 더욱이 겨울에도 비교적 따뜻해 사시사철 관광객들이 방문하고 있는데, 다리는 이들 아름다운 섬들을 육지와 연결해 준다. 삼천포대교는 경상남도 사천시와 남해군 창선도를 연결하는 5개의 교량(삼천포대교, 초양대교, 늑도대교, 창선대교, 단항교)을 일컫는 이름이다. 육지 쪽에서부터 모개도, 초양도, 늑도를 디딤돌 삼아 사천시 삼천포와 남해도를 이어 준다. 이들 다섯 개 다리는 각기 다른 공법을 사용하면서 각자의 개성이 살아 있다는 점에서 돋보인다.

이 다리가 개통됨으로써 남해도 미조에서 시작되어 진주, 산청, 거창, 김천, 상주, 문경을 거쳐 서울로 이어지는 3번 국도가 비로소 완결되었다. 삼천포대교는 남해 관광 활성화에 큰 기여를 하고 있다. 섬과 섬 사이를 연결하면서 각각의 섬과 바다, 그리고 다리가 어우러져 '한국의 아름다운 길 100선' 중의 하나로 인정받았다. 삼천포 앞바다와 이 길을 따라 남쪽으로 좀 더 가면 나타나는 창선도와 남해도 사이의 지족해협에는 빠른 조류와 간만의 차를 이용한 우리 고유의 조업 방식인 죽방렴도 볼 수 있다.

촬영: 2012년 11월

창원 시가지

공업화의 선봉장에서 이제는 환경 수도로

우리나라에서 계획도시라고 하면 창원시를 쉽게 떠올리게 된다. 2010년 7월 1일, 옛 마산시와 진해시를 통합하여 통합 창원시가 되었기에 정확하게는 옛 창원시 지역이라 부르는 게 맞다. 사진에서 볼 수 있는 것과 같이 창원시는 지형적으로 창원분지 내에 자리 잡고 있다. 창원분지는 북쪽에서 시계 방향으로 구룡산−정병산−장복산−팔용산−천주산으로 이어지는 산지로 완전히 둘러싸여 있어 외부에서 창원분지로 들어오려면 창원터널, 불모산터널, 정병터널, 장복터널, 안민터널, 완암터널 중 하나를 통과해야만 한다. 분지 서남쪽의 팔용산과 장복산 사이로 난 협곡을 따라 마산 합포만으로 하천이 흐르면서, 창원분지의 물이 배수된다. 이렇듯 분지 형태의 지리적 입지 조건에 주목하여 정부는 창원시를 1970년대 국가산업단지로 지정하였고, 국가 방위 산업을 뒷받침하는 기계 공업 중심의 공업 도시로 개발하였다.

계획도시로서 창원시의 특징은 직교형 도로망과 그에 따른 도시 기능 지역의 구분이다. 이 중심에는 창원대로가 있다. 창원대로는 사진에서 볼 때 오른쪽 아래에서 왼쪽 위를 향해 직선으로 뻗은 길이 13.8km, 왕복 8차선의 도로인데, 김해시로 이어지는 창원터널에서 옛 마산시 소계광장까지 이어진다. 창원대로의 남쪽은 공단 지대이며 북쪽은 중심 업무 지구와 상업 지구, 주거 지구로 이루어져 있다. 사진에서 창원대로 남쪽과 북쪽의 도시 기능 지역 구분은 색상으로도 한눈에 대별된다. 푸른빛을 띤 비교적 큰 다각형의 공단 지역과 무채색 계열로 상대적으로 작은 다각형의 시가지 지역이 그것이다. 정부 주도의 강력한 개발 드라이브의 선봉장으로서 공업화의 상징이었던 창원은 이제 분지 외부의 주요 생태 환경 자원에도 눈을 돌리면서, 점차 친환경 도시로 탈바꿈하려는 시도를 하고 있다. 이에 발맞추어 주남저수지와 봉암갯벌 생태학습장을 바탕으로 2008년 람사르 총회를 개최하였다.

촬영: 2013년 09월

청계천

새롭게 거듭난 서울 도심 하천

서울은 북악산, 인왕산, 남산 등으로 둘러싸인 커다란 분지이고, 청계천은 이들 산으로부터 흘러내리는 작은 하천의 물을 받아 한강으로 나르던 자연 하천이었다. 따라서 청계천은 서울의 가장 저지대를 흐르던 하천이었으며, 비가 많이 오면 하천 주변은 범람도 하였다. 자연 하천이었던 청계천은 일제 강점기를 거치면서 많은 변화를 겪어야 했다. 원래 개천이었던 이름도 이때 바뀌었으며, 대대적인 준설 공사도 이때 이루어졌다. 1960년대 이전까지 청계천은 주변 도시민들의 빨래터이자 놀이 공간이었다. 하지만 1960년대 이후 도시화가 급속하게 진행되면서 일자리를 찾아 서울로 올라온 사람들에게 주거 공간이자 생활 공간이 되었으며, 도시 빈민들의 운집으로 슬럼을 방불케 하는 수도 서울 최악의 불량 주택 지구였다.

수도 서울의 교통 문제, 주거 문제, 택지 문제 등을 한번에 해결하기 위해 1960년대 들어 청계천 복개 공사가 이루어졌고 그 위로는 고가 도로까지 건설되면서 서울의 핵심 간선 도로의 역할까지 하게 되었다. 그러나 1990년대 들어 친환경 도시 정책의 영향으로 다시 자연 상태 그대로의 청계천을 복원하자는 움직임이 일기 시작하였다. 그에 따라 생태 하천이라는 미명 아래 2003년부터 대대적인 청계천 복원 공사가 진행되었으며, 2년 후인 2005년에 현재와 같은 모습으로 탈바꿈하였다. 사진에서 왼편 중앙에 보이는 광장이 서울특별시청 앞 광장이며, 광장에서 왼편(동쪽)으로 이어지는 직선도로가 을지로이고, 그보다 북쪽에서 을지로와 나란히 달리는 대로가 종로이다. 복원된 청계천은 그 사이에 있는데, 위에 놓인 다리들로 이곳에 하천이 있음을 확인할 수 있다.

촬영: 2011년 10월

청령포 일대
단종의 한이 서린

조선 제6대 임금 단종의 애사가 깃든 강원도 영월군 남면 청령포와 그 일대를 촬영한 항공사진이다. 굳이 '일대'라는 말은 덧붙인 것은 단종의 유배지 청령포도 중요하지만 그 주변도 나름 의미가 있기 때문이다. 사진 아랫부분, 왼쪽에서 오른쪽으로 굽이쳐 흐르는 강이 서강이며, 동쪽으로 더 흘러가면 영월읍에서 동강과 만나 남한강이 된다. 하천 돌출부에 하얀 백사장이 펼쳐진 곳이 바로 청령포다. 청령포를 휘감아 도는 강줄기 위로 그리스 문자 'Ω' 모양으로 중앙의 구릉지를 에워싸고 있는 모습을 확인할 수 있다. 청령포를 방문할 때 건너야만 하는 서강이 오랜 과거에는 바로 이 'Ω' 모양으로 이루어진 구간을 흘렀다. 이제 강물이 더 이상 흐르지 않는 과거 하도 구간을 지리학에서는 '구하도'라 부른다. 구하도 구간은 과거 강물이 흐르던 곳이기에 습지로 남아 과거 환경에 대한 정보를 제공하기도 하고, 산간 지역의 경우 농경지로 더없이 좋은 조건이기에 대부분 농지로 개간되어 이용되고 있다.

비행기도 없고 인공위성은 더더욱 상상할 수 없었던 시절, 어떻게 이곳 청령포가 천혜의 유배지가 될 수 있다는 것을 알았을까. 영월을 들를 때마다 드는 의문이다. 제천에서 영월을 지나 정선으로 이어지는 38번 국도를 이용하더라도 영월은 여전히 접근이 그리 녹록한 곳은 아니다. 단종을 이곳에 모시고 돌아오던 신하도 '천만리 머나먼 길에 고운님 여의옵고…'라 읊지 않았던가. 청령포로 건너가는 거룻배는 사공의 힘에 의지하던 바지선에서 지금은 고성능 선외기를 탑재한 신식 배로 바뀌었다. 청령포로 건너가면 작은 아버지에게 왕위를 빼앗기고 이곳으로 떠밀려 온 단종과 관련한 여러 유적을 만날 수 있다. 한양을 바라다보는 서쪽 벼랑에도, 소리를 들을 수 있다는 영특한 소나무에도 단종 애사가 서려 있다. 사진에서 보듯이 최근 청령포 부근의 구하도 구간에는 다시 수변 공원이 조성되었다. 즉 굽이쳐 흐르기에 지쳐 자연 스스로 흐르기를 포기한 구간이 이번에는 사람의 힘으로 다시 물을 흘려보내는 것까지는 아니지만 물과 만나는 새로운 공간으로 바뀌었다.

촬영: 2012년 05월

청초호와 영랑호
속초 시민들의 삶이 녹아 있는

이 사진은 강원도 속초시 북쪽과 남쪽에 위치하는 석호인 영랑호와 청초호를 찍은 항공사진이다. 사진 위쪽이 영랑호이고 아래쪽이 청초호이다. 영랑호 호안으로부터 청초호를 빙 둘러 형성된 시가지가 바로 속초시이다. 강릉 경포호와는 달리 이 두 호수 사이에 속초 시가지가 자리 잡고 있고, 또 호수에서 바다로 연결된 통로가 있다는 사실을 사진을 통해 확인할 수 있다. 골프장, 콘도미니엄과 같은 관광 레저 시설이 조성된 영랑호 주변은 비교적 자연스런 호안선을 유지하고 있지만, 호수 전체가 시가지로 에워싸인 청초호는 호수 가장자리에 만들어진 부두 시설이나 도로 등에 의해 호안선이 직선으로 변형되었다.

영랑호는 장천천을 통해 내륙과 연결되고 동쪽의 영랑교 아래쪽에서 바다와 연결된다. 한편 청초호는 청초천이 내륙으로부터 흘러들고 동해 방향으로는 호수 북쪽이 열려 있다. 이곳 수로는 속초항의 내항 역할을 하고 있는 청초호 내부를 연결하는 항로가 되어, 어선, 유람선, 요트 등 500톤 이하의 다양한 선박이 드나든다. 두 호수는 하늘에서 보면 그저 아름답지만 다른 석호들과 마찬가지로 몸살을 앓고 있다. 바로 육지로부터 들어오는 각종 오염 물질로 호수 생태계가 심각한 위기에 처해 있기 때문이다. 시내에서 배출되는 생활 하수, 그리고 각종 관광 레저 시설과 축산 농가의 축산 폐수로 부영양화가 심각한 수준에 이르렀다.

청초호의 북쪽 수로 오른편으로는 청초호를 형성하는 모래 퇴적 지형, 즉 사주가 뻗어 있으며, 사주 위에 한국 전쟁 실향민이 삶의 터전으로 삼은 일명 '아바이마을'이 형성되어 있다. 이 사주로 인해 청초호는 외해의 풍랑을 자연스레 막아 주는 천혜의 기항지가 되었고, 또한 '갯배'라고 하는 속초의 명물인 거룻배가 탄생하게 되었다. 갯배는 아바이마을에서 건너편 속초 시내를 연결해 주는 역할을 했는데, 지금은 다리로 연결되어 있다. 한때 철거 계획까지 수립되었던 아바이마을은 공전의 히트를 기록한 드라마와 오락 프로그램의 단골 촬영지로 각광을 받으면서 이제는 속초의 명소가 되었다.

촬영: 2012년 10월

초강천 구하도
과거 곡류 하천이 만들어 낸

영남 지방과 타 지역과의 자연적 경계인 소백산맥을 경부고속도로와 경부선 철도는 추풍령을 넘는다. 그러나 근처를 지나는 경부선 KTX는 고개를 넘는 대신 터널로 김천에서 옥천까지 바로 달린다. 경상도에서 추풍령을 넘으면 첫 동네가 황간이고, 황간에는 금강 지류 중 하나인 초강천이 흐른다. 사진에서 보듯이 황간면 원촌리에서는 구하도를 볼 수 있는데, 예전에 이곳으로 강물이 흘렀을까 하고 의심이 들 정도이다. 구하도 구간은 현재 경작지로 이용되고 있으며, 그 구간이 워낙 길고 깊어서 나란히 달리는 도로에서는 과거 하도가 잘려 나간 모습을 관찰하기 어렵다. 그러나 항공사진으로 확인하면 과거 곡류하던 하도 구간이 절단되어 구하도로 남았다는 것을 분명하게 알 수 있다.

과거 곡류하던 초강천이 절단되고 현재의 하도로 흐르기 시작하는 지점 바로 남쪽, 강 건너에는 월류봉이라는 봉우리가 있다. 이곳 정상은 구하도 구간을 사진에 담기에 적당한 조망점을 제공한다. 구하도 구간이 논으로 이용되고 있기에 추수를 앞둔 시점에 월류봉에 오르면, 초록의 삼림과 노랑의 구하도, 하얀 백사장, 그리고 푸른 초강천이 선명한 색채 대비를 보여 준다. 또한 정면에 높다랗게 솟아 있는 백화산 줄기에는 주봉 중 하나인 주행봉이 있는데, 그 이름이 말하듯 거대한 전함과 같은 모습으로 우뚝 솟아 있다. 한편 이 사진이 직접 보여 주고 있는 곳은 아니지만 사진 바로 남쪽에는 황간면 노근리 마을이 있다. 한국 전쟁 당시 미군에 의한 민간인 학살 사건으로 잘 알려진 바로 그 곳이다.

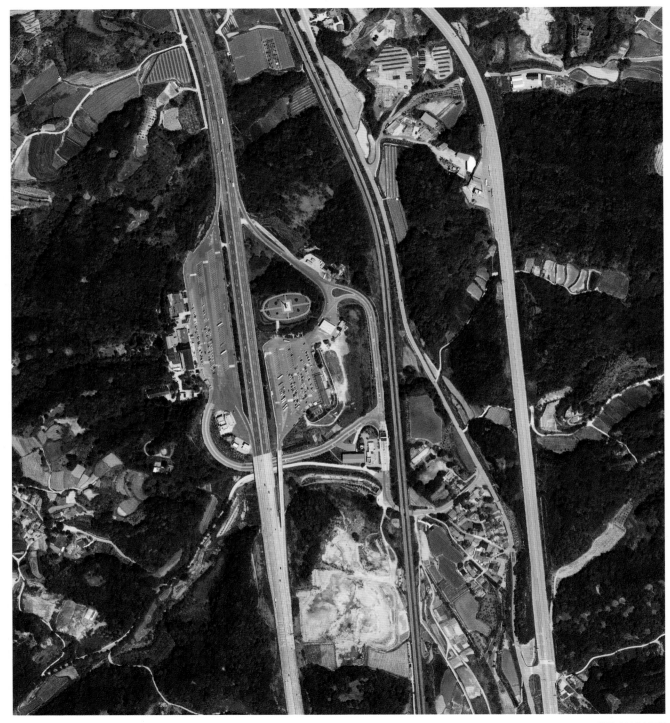

촬영: 2014년 05월

추풍령휴게소

우리나라 최초의 고속도로 휴게소

추풍령휴게소는 1970년 7월 7일 처음 영업을 시작한 우리나라 최초의 고속도로 휴게소이다. 경부고속도로는 경인고속도로, 울산고속도로보다 늦게 건설되었지만, 경인고속도로(연장 24km)와 울산고속도로(14.3km)와는 비교가 되지 않을 정도로 긴 우리나라 최장 고속도로(425.4km)였다. 따라서 경부고속도로의 건설이야말로 우리나라가 고속도로 시대에 들어섰음을 상징적으로 보여 주는 시발점이었다고 해도 과언이 아니다. 공교롭게도 이곳 추풍령휴게소는 건설 당시 경부고속도로 총거리의 절반인 서울과 부산에서 각각 214km가량 떨어진 곳에 조성되었다. 경부고속도로 건설 당시에는 모든 도로가 4차선이었으나, 현재는 왕복 4차선 267.6km, 왕복 6차선 57.2km, 왕복 8차선 100.6km로 이루어져 있다.

한반도를 사람의 몸에 비유한다면 추풍령은 배꼽에 해당한다. 추풍령은 소백산맥에 의해 경계 지어진 충청북도 영동군과 경상북도 김천시를 연결해 주는 고개인 동시에 예전에는 고대 진한과 마한, 신라와 백제 간의 경계이기도 했다. 현재는 경부고속도로와 경부선이 지나면서 중부 지방과 영남 지방을 연결하는 교통의 요지이다. 또한 이 고개를 경계로 기상 상태와 언어, 풍속 등이 많이 다르다. 하지만 일반인들의 예상과는 달리 추풍령의 고도는 221m에 지나지 않아, 유명세에 비하면 고도는 아주 낮다. 사진에서 휴게소와 연결된 것이 경부고속도로이고, 오른편에 차례로 경부선 철도, 지방도, 4번 국도가 지나고 있다. 철도와 국도 사이의 마을은 경상북도 김천시 봉산면 광천리로, 추풍령휴게소 역시 경상북도에 위치해 있다.

촬영: 2012년 04월

춘천 중도

호반의 도시 춘천을 상징적으로 보여 주는

이 사진은 '호반의 도시' 춘천을 촬영한 것이다. 춘천을 호반의 도시로 만든 호수는 의암호이고, 의암호는 북한강 줄기를 막은 의암댐에 의해 만들어진 호수이다. 사진처럼 강 가운데 떠 있는 섬들을 지리학에서는 하중도라 부른다. 맨 아래 섬은 붕어섬이고 다음이 중도(하중도, 상중도), 그리고 맨 위가 고구마섬이다. 하천 지형 교과서에서 하중도는 보통 고구마 모양을 하고 있다고 나오는데, 이곳 섬 이름 중 하나가 고구마섬이다. 작명이 멋지다. 상중도의 양쪽으로 두 개의 물줄기가 내려와서 만나고 있는데 왼쪽이 북한강, 오른쪽이 소양강이다. 한강은 크게 북한강, 남한강, 그리고 소양강으로 지류를 구분하는데, 이 중 북한강과 소양강이 춘천 호반에서 만난다. 북한강과 남한강은 한참을 더 흘러 양평의 양수리, 즉 두물머리에서 만나 팔당 협곡을 지나 서울로 들어간다. 북한강을 대표하는 하중도 관광지인 남이섬과 자라섬은 여기서 좀 더 하류인 가평군에 위치한다.

사진을 통해서 확인할 수 있듯이 상중도와 하중도 경관은 아주 다르게 나타난다. 상중도의 경우 대부분이 농경지로 이용되고 있지만, 하중도는 일찍부터 남쪽의 중도리조트를 중심으로 관광지로 개발되었다. 사진에서도 야영장, 수영장, 잔디 광장, 놀이 시설 등이 조성되어 있는 것을 확인할 수 있다. 또한 중도의 남쪽 끝 부분에서는 철기 시대 돌무지무덤을 비롯한 여러 유적이 발굴되기도 해 일찍부터 사람들이 거주했음을 알 수 있다. 사진 중앙에 산이 하나 보이는데, 춘천 시가지 북쪽의 소양강 바로 아래에 있는 봉의산이다. 봉의산은 해발 고도가 약 300m 정도로 높진 않지만, 춘천 어느 곳에서나 조망이 가능한 춘천의 상징적 산이다.

촬영: 2013년 09월

코엑스와 테헤란로

세계화를 향한 서울의 또 다른 중심

코엑스(COEX)는 회의(Convention)와 전시(Exhibition)를 목적으로 1979년 개관한 국제회의 및 종합 전시 공간으로, 2000년 개장한 코엑스몰을 함께 운영·관리하는 한국무역협회 소속의 사기업이다. 원래 명칭은 KOEX였으나 1998년에 명칭을 COEX로 변경하였다. 여러 국제적 행사들을 개최하면서 그 유명세는 더욱 높아졌는데, 특히 2000년 제3회 아시아유럽정상회의(ASEM)가 이곳에서 열렸고, 2010년 11월 11일부터 12일까지 서울 G20 정상회의가 열리기도 했다. 코엑스는 2호선 삼성역과 연결되어 있어 교통이 편리하며, 넓은 부지에 공공시설과 문화 및 상업 시설이 조화롭게 들어가 있다. 코엑스를 둘러싸고 인터컨티넨탈 서울 코엑스 호텔, 아셈타워, 트레이드 타워, 그랜드 인터컨티넨탈 서울 파르나스 호텔, 현대백화점, 한국도심공항 등이 있어 서울을 대표하는 비즈니스 중심지의 면모를 갖추고 있다.

한편 사진에서 보듯이 코엑스 주변부는 대로로 둘러싸여 있다. 동으로 영동대로, 북으로 봉은사로, 남으로는 테헤란로에 이르기까지 강남 지역을 가로지르는 대표적인 도로들로 둘러싸여 있다. 특히 눈에 띄는 길이 테헤란로이다. 정부가 산유국 이란에 대한 적극적인 상호 교류 정책을 수용하면서, 수도 테헤란 시와의 자매결연을 기념하여 만든 거리이다. 따라서 테헤란로는 국가 간 교류의 상징으로 만들어진 거리답게 코엑스와 같은 무역 관련 기관 및 벤처 기업과 고층 빌딩이 밀집한 지역의 도로 명으로 사용되고 있다. 테헤란로와 어우러진 코엑스는 주변의 호텔, 무역센터, 도심공항 등의 건물과 더불어 삼성역이 드러내는 상징성을 통해서도 이곳이 초국적 자본의 교환과 미래 소비 사회가 관류하고 있는 곳임을 짐작할 수 있다.

통영항

동양의 나폴리라 불리는 미항

통영(統營)은 원래 삼도수군통제영(三道水軍統制營)을 줄인 말이다. 또한 충무시(忠武市)의 본 지명은 통영군이고, 통영군에서 시로 승격되면서 충무공(忠武公)의 시호를 따서 충무시라 하였으나, 1995년 1월 1일 충무시와 통영군을 통합하여 도농 복합 형태의 통영시가 설치되었다. 현재의 통영항도 원래는 충무항이었다. 통영항은 인근 도서를 연결하는 해상 교통의 요지이자 한려해상국립공원의 핵심 관광지이며, 연근해 어업과 양식업이 발달하였다. 그리고 임진왜란 당시 통영 앞 한산도는 이순신 장군이 외적을 물리치고 조선 수군의 승리를 이끌었던 역사적 현장이다. 통영 앞바다에 옹기종기 자리 잡고 있는 한산도, 욕지도, 죽도 등과 같은 섬들이 한데 어우러져 한려해상국립공원을 형성하고 있으며, 통영항은 동양의 나폴리라고 불릴 정도로 아름다운 항구로 유명하다.

사진에서 북쪽은 주로 연근해 어선들을 위한 어항이며, 섬처럼 고립된 작은 숲은 남망산으로 이곳에는 조각공원과 통영시민문화회관이 있다. 남망산 좌측 포구는 강구안으로 왼편에 한려해상국립공원 여러 섬들로 가는 여객선 터미널과 화물선 부두가 있다. 사진 왼편 좁은 해협에는 통영시와 미륵도를 연결하는 통영대교와 충무교가 보이며, 해안 쪽으로는 정박한 배들의 규모가 큰데, 이는 수리 조선소에서 수리되고 있는 상선들이다. 그리고 사진 우하단에 있는 것은 금호충무마리나리조트와 이에 부속된 요트 정박항이다. 최근 미륵도 정상 미륵산을 오르는 케이블카가 설치되어 많은 관광객들이 찾고 있어 통영 관광의 일대 전환점을 맞고 있다. 미륵산 정상에서는 사진에 나온 통영항뿐만 아니라 주변 다도해도 한눈에 조망할 수 있다.

촬영: 2011년 05월

판교–분당 지역 도로망
우리나라에서 가장 복잡한 도로 체계를 보여 주는

경부고속도로를 사이에 두고 있는 판교–분당 지역에서 볼 수 있는 도로망 패턴이다. 남북을 잇는 간선 도로인 경부고속도로를 축으로 하여 이를 직교하면서 동서로 달리는 서울외곽순환고속도로의 복잡한 교차로가 사진 좌상단에 있다. 이 외에도 용인–서울고속도로, 분당–내곡간도시화고속도로, 분당–수서간도시화고속도로가 교차하면서 마치 심장 속 정맥과 동맥을 보는 듯하다. 이 외에도 이들 고속도로를 연결하는 각종 도로들이 실타래처럼 얽혀 있다. 따라서 수도권에서 오랫동안 살았던 사람일지라도 이 지역만은 내비게이션의 도움 없이 운전하기가 쉽지 않을 것이다.

1970년 경부고속도로가 건설되면서 수도 서울의 발달 방향은 남쪽이었다. 서울의 남쪽 외곽 지역이었던 성남, 그 중에서도 분당 지역이 1980년대 후반 신도시로 개발되면서 서울의 최대 주거 도시로 성장하였다. 이어서 수지 지구, 판교 신도시, 동탄 신도시에 이르기까지 경부축을 중심으로 수도권 남부 지역으로 계속해서 개발이 진행 중이다. 도로망의 발달은 그 지역의 현재 경제 활동뿐 아니라 미래까지도 전망해 볼 수 있게 한다. 결국 사진에서 보듯이 우리나라에서 가장 복잡한 도로 체계를 보여 주고 있다는 사실은, 이 지역이 수도권에서 가장 복잡한 도로망과 함께 인구나 경제 활동 규모 면에서 수도권 최대 지역이라는 상징적 의미를 갖고 있다.

평택 · 당진항

동북아시아 허브 항에 도전하는

작은 포구에 불과했던 이곳에 1986년 LNG선이 처음으로 입항한 이후 같은 해 12월에 제1종 지정항만 국제무역항으로 개항하였다. 2012년 현재 38개의 부두를 갖추고 있고, 2020년까지 74개로 확충될 예정이다. 사진의 부둣가에 보이는 흰색 점들은 모두 자동차들인데, 부두에 정박한 커다란 배에 선적될 예정으로 그 차례를 기다리고 있다. 사진에서는 일부밖에 보이지 않지만 그 아래로 수많은 콘테이너들이 있으며, 이들 역시 선적을 기다리고 있다. 이곳 평택 · 당진항은 개항 이후 26년만인 2012년에 화물 1억 톤 이상을 처리하였고, 전국 31개 항만 가운데 자동차 수출입 1위, 컨테이너 처리 4위를 차지하였다. 한편 부두 배후의 구획된 부지에는 아산국가산업단지 경기포승지구의 각종 산업체와 지원 시설이 입지해 있다.

평택 · 당진항은 부두와 관련된 기본 인프라 개발 이외에도 평택항 배후 단지 개발을 통해 대규모 종합 물류 클러스터를 포함한 관광, 상업, 국제 업무, 교육 등의 기능을 지닌 배후 도시로 성장하였다. 또한 평택항 산업 철도와 서해안고속도로의 개통으로 명실상부한 국제 무역항으로 성장하고 있다. 게다가 경부고속도로, 평택제천고속도로 등과 인접해 있으며, 철도 교통 및 항공 교통(김포국제공항, 인천국제공항, 청주국제공항)도 평택 · 당진항의 잠재력을 더욱 강화시켜 주고 있다. 또한 날로 교역량이 증가하는 중국과의 무역에서 최단 거리에 위치한 항구라는 또다른 위치적 장점을 갖고 있다. 향후 평택 · 당진항은 중부권의 거점항은 물론 서해안 시대의 거점항으로 그 역할을 수행할 수 있을 것으로 기대된다.

촬영: 2013년 11월

한국민속촌
한국의 전통 마을을 재현한

한국민속촌은 1974년 전통 민속 문화를 복원, 보전하기 위해 개관되었다. 수도권이자 경부고속도로에 인접한 용인에 위치하여 개관 초기와 마찬가지로 지금도 우리나라 수도권 관광의 필수 코스로서 많은 내국인과 외국인들이 찾고 있다. 개관 초창기에는 단순히 전통 민속 문화를 전시하는 야외 민속 박물관 역할에 그쳤지만, 1990년대에 들어서 놀이 시설이 확충되면서 즐길 거리가 풍부해졌고, 2000년대 들어서는 사극 드라마 체험 등 일탈적 경험이 가능한 놀이 공간으로 점차 탈바꿈하였다. 또한 줄타기, 마상 무예, 농악 등의 야외 공연도 펼쳐진다.

사진에서 보듯이 한국민속촌에는 좁은 계곡을 따라 270여 개의 다양한 전통 가옥이 늘어서 있다. 이곳에는 북부, 중부, 남부 등 각 지방의 특징을 보여 주는 민가와 양반가를 복원해 놓았고, 관아를 비롯해 서원과 서당, 한약방, 사찰과 서낭당, 점술집 등을 재현해 놓았다. 이곳은 전통 가옥과 풍속이 한곳에 모여 있기에 각종 사극 영화나 드라마의 촬영지로 각광을 받고 있다. 게다가 우리나라 고유의 세시 풍속과 관혼상제, 민속놀이, 농사법과 식문화 등을 접할 수 있다. 한편 각 대륙과 나라별로 고유한 문화를 소개하는 세계민속관, 박물관도 둘러볼 수 있다.

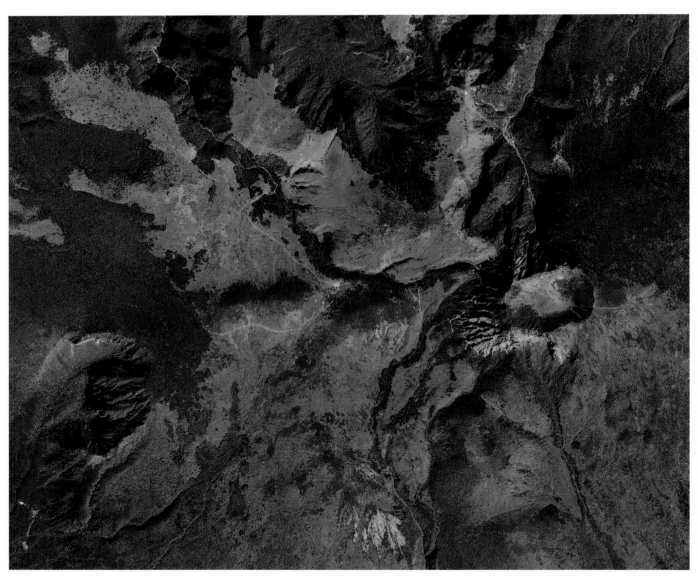

촬영: 2011년 10월

한라산 서부 고원

윗세오름으로 이어지는 우리나라 최고의 트레킹 코스

사진만으로는 이곳이 어딘지 쉽게 알 수 없다. 하지만 사진 오른편에 보이는 분화구가 백록담이라는 힌트를 받는다면, 대충 한라산 서쪽 어디일 것이라고 미루어 짐작할 수는 있다. 한라산 등산로는 모두 5개이며, 그중 정상인 백록담으로 이어지는 코스는 북쪽에서 진입하는 관음사 코스와 동쪽에서 진입하는 성판악 코스 두 개다. 남쪽에서 접근하는 돈내코 코스는 이제는 정상까지 이어지지 않는다. 사진에서 보면 크게 '〉' 형태로 백록담을 향해 서쪽에서 다가오는 길이 보인다. 위쪽은 어리목 코스, 아래쪽은 영실 코스인데, 두 길이 합류하는 지점이 바로 윗세오름이다. 합류한 길은 백록담을 남쪽으로 돌아 한라산 남벽까지 이어지고 남쪽에서 올라오는 돈내코 코스와도 만난다.

한라산 정상, 백록담이 해발 1,950m이고 한라산 남벽의 수직 고도가 약 300m에 이르니 윗세오름 부근에 서남벽으로 돌아가는 길은 대략 1,600~1,700m 고도로 이어진다. 어리목 휴게소에서 출발한 등산로는 어리목 계곡을 가파르게 오르지만, 1,300m 고도에 이르면 이후부터는 완만하게 윗세오름이 있는 1,600m 고도까지 이어진다. 이곳이 바로 사진에 나온 한라산 서부 고원인 셈이다. 제주도는 난대 기후에 속하는데 난대림은 해안가에서 자란다. 한라산의 높이가 높이인지라 일정 고도를 오르면 사람 키보다 작은 나무들, 즉 관목들이 자라고 있고, 그 위로는 조릿대가 초원을 이루고 있다. 인공적으로 조성된 초지가 아닌 자연 상태의 초원을 걷는 이곳의 경험은, 본토의 다른 등산로에서 느낄 수 없는 신선한 충격이다.

촬영: 2011년 12월

함양 상림

최치원 선생이 선물한 홍수 방제 숲

이 사진은 또 무엇을 보여 주는 것일까 하고 의문을 가질 수 있다. 답부터 말하자면 왼쪽 위에서 아래로 흐르는 강물과, 그 강물과 나란히 늘어선 숲을 보여 주려는 것이다. 숲의 이름은 상림, 그러니까 위쪽 숲을 말한다. 그렇다면 아래쪽 숲, 하림은 어디 있을까? 아쉽지만 상림과 같이 온전한 모습이 아니다. 그래서 상림이 더 소중하다. 상림과 나란히 흐르는 강은 위천이며, 위천의 범람으로 인한 홍수 피해를 막기 위해 인공적으로 조림한 숲이 상림이다. 신라 시대 최치원이 함양 태수로 있을 때 위천 가에 둑을 쌓고 그 위에 나무를 심어 숲을 조성하였다고 하니, 지금으로부터 1,100여 년 전의 일이다. 따라서 상림은 당연히 가장 오래된 인공림이라는 타이틀을 갖고 있다. 함양 상림과 비슷한 기능으로 조성된 호안림으로 전라남도 담양의 관방제림을 들 수 있다. 관방제림은 조선 시대에 조성된 숲이며, 마주하는 죽녹원에 올라가면 주변 일대를 조망하기 좋다.

하천 둑에 나무를 심어서 홍수를 막는다고 하면 나뭇가지와 줄기가 도대체 무슨 역할을 할 수 있을지 고개를 갸우뚱하기 쉽다. 여기서 숲의 역할은 나무의 뿌리가 하천 둑을 더욱 견고하게 묶어 주는 데 있다. 본래 대관림이라 불리며 하나로 연결되어 있던 이곳 숲이 하천의 홍수로 끊기면서 현재 상림과 하림으로 나뉘게 되었다고 한다. 함양은 진주에서 남강을 거슬러 올라가면 만나는 경상남도의 대표적인 산간 지역이지만, 실제 함양읍은 경사가 완만한 지역에 자리 잡고 있다. 따라서 홍수기에 지리산 좁은 계곡을 흐르던 위천 물이 계곡을 벗어나 갑자기 넓게 펼쳐진 들판에 이르면 범람하게 되는데, 그 결과 함양읍과 주변 일대가 물에 잠길 위험이 컸던 것으로 보인다. 이렇게 항공사진으로 보면 함양 상림의 위치와 기능을 쉽게 알 수 있다. 이곳 상림은 온대 지방에 서식하는 낙엽 활엽수로 이루어진 숲이라 여름의 신록과 가을의 낙엽 등, 사시사철 숲 속 걷기 여행의 백미를 제공한다.

촬영: 2014년 04월

합천 대병고원

화산 활동과 관련된 환상 지형 콜드론이 확인되는

현재 우리가 보고 있는 지형은 마치 양피지에 무언가를 썼다가 지우고 다시 쓰기를 반복하면서 마지막 것이 지금 우리 눈앞에 펼쳐져 있는 것과 같은 것이 아닌가라고 생각해 볼 수 있다. 이 과정에는 퇴적물이 쌓여서 현재에 이른 것도 있지만 깎이고 떨어져 나간 것도 상당수다. 따라서 현재의 지형에 상상력을 동원하여 지표 공간을 메워 보면 지금 지형이 형성된 과정을 쉽게 추리할 수도 있다. 사진에서는 중앙에 소규모 평지가 보이고 그것을 둘러싼 능선이 컴퍼스로 원을 그린 것처럼 원호를 이루고 있는 모습을 볼 수 있다. 12시 방향에서 시계 반대 방향으로 합천의 악견산, 금성산, 허굴산이 그것들인데, 이들 산으로 이어진 능선이 가운데 있는 평지인 대병면 대병고원을 둘러싸고 있다.

산과 관련하여 둥근 원 모양이라면 분화구를 연상할 수 있는데, 이곳의 지형도 화산 활동과 관련이 있다. 화산을 연구하는 학문 분야에서는 화산 활동과 관련한 함몰 지형, 특히 원통형 함몰 지형을 콜드론(Cauldron)이라고 부른다. 화산 활동 하면 제주도와 울릉도만 생각하기 쉽지만, 현재의 경상도 지역과 남해안에서도 과거 지질 시대의 화산 활동과 관련된 다양한 지형 경관이 확인된다. 내륙에서 콜드론은 금성산 일원에서도 확인할 수 있는데, 합천의 대병고원이 보다 원형에 가깝다. 둥근 원 모양으로 둘러싸인 곳이기에 산간 분지로 볼 수도 있으나 고원으로 부르는 것은 주변 지역에 비해 사진 중앙의 대병면 지역 고도가 높기 때문이다. 실제로 고원 내 하천들은 외부로 열려 있는 통로를 통해 밖으로 흘러나간다.

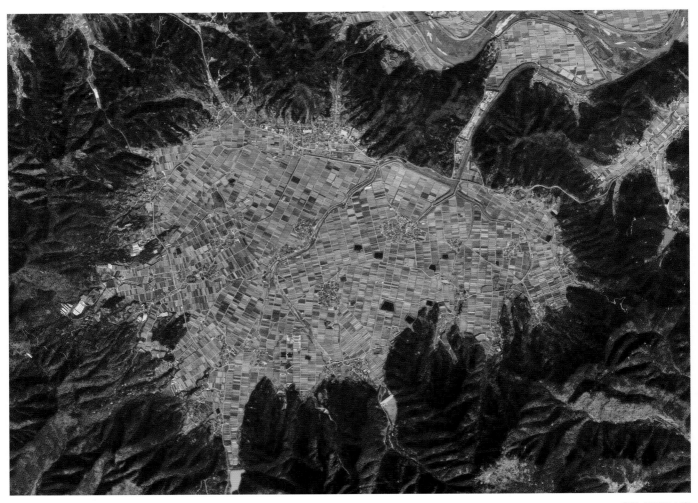

촬영: 2012년 11월

합천 초계분지

남부 지방에서 볼 수 있는 대표적 분지인

다른 설명 필요 없이 한눈에 딱 분지라고 느낄 수 있는 곳을 꼽으라면 우리나라에서는 강원도 양구군 해안면의 일명 '펀치볼'과 바로 이곳을 들 수 있다. 양구의 펀치볼에 비해 덜 알려져 있지만 형태상으로는 거의 완전한 폐쇄형 분지를 이루고 있다. 이곳이 바로 경상남도 합천의 초계분지이다. 펀치볼이 남북 방향으로 길쭉한 데 비해 초계분지는 동서 방향이 약 6km로 약 3km인 남북 방향에 비해 두 배 정도 길다. 사진을 잘 살펴보면 분지 가운데를 흐르는 하천이 보이는데, 이 하천을 경계로 동쪽과 서쪽이 구분된다. 초계분지 내에는 행정 구역상 합천군 소속의 두 개 면이 자리 잡고 있는데, 서쪽이 초계면이고 동쪽은 적중면이다. 그래서 초계분지보다는 초계적중분지라는 이름이 더 잘 어울릴 수 있다.

합천군은 낙동강의 주요 지류 중 하나인 황강의 중하류에 위치하지만 경지 면적은 대단히 협소한 편이다. 따라서 해발 고도 약 20~80m의 넓은 들이 펼쳐진 초계분지는 합천군 최대의 농업 지역을 이루고 있다. 사진에서도 확연히 드러나듯이, 경작지의 대부분이 논이다. 현재 논농사에 필요한 농업용수는 분지를 둘러싼 산지 사면에 소규모 저수지를 다수 축조하여 조달하고 있다. 그러나 얼마 전만 해도 분지 바닥에는 수를 셀 수 없을 정도로 많은 소규모 저수지가 분포하고 있었다. 분지 내부를 흐르는 하천은 북쪽으로 수렴하여 협곡을 통과하면서 분지 밖으로 배수되어 황강에 합류한다. 초계분지를 관통하는 24번 국도는 분지 서북쪽과 동북쪽의 고개를 통해 분지 안과 밖을 연결한다.

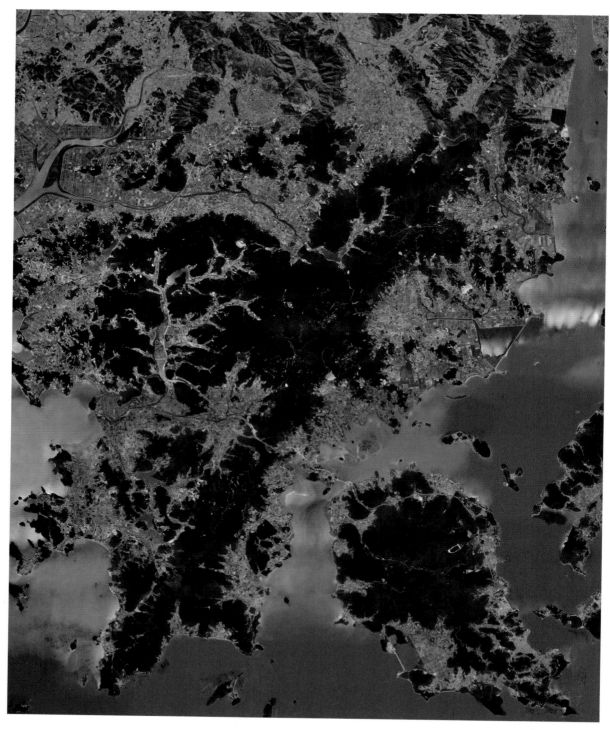

촬영: 2011년 06월

해남 달마-두륜 산맥
무사의 칼끝이 휙 지나간 듯 곧게 뻗은

해남군이 전라남·북도를 통틀어 가장 넓은 행정 구역이다 보니 꽤 넓은 지역을 아우른다. 북서쪽으로 뻗어 나간 길쭉한 땅들은 영암반도(영암군), 산이반도, 화원반도이다. 그 아래는 우리나라에서 세 번째로 큰 섬인 진도(진도군)가 있다. 사진 중앙을 자세히 살펴보면 무사의 칼끝이 휙 지나간 듯 곧게 뻗은 산지가 보인다. 산지는 바로 오른쪽 강진만에서 시작해 남서쪽 끝까지 이어진다. 강진만은 탐진강의 하구이기도 하고, 아홉 고을의 물길이 흘러든다는 뜻으로 구강포라고도 불린다. 그리고 이 산지의 끝은 해남반도의 끝이자 한반도의 끝, 땅끝이다. 산맥은 강진 쪽 만덕산, 석문산을 거쳐 해남 쪽 두륜산, 대둔산, 달마산으로 이어진다. 만덕산은 다산과 초의선사의 차향 가득한 인연을 품고 있고, 두륜산에는 호남을 대표하는 고찰 대흥사가 자리한다. 남쪽의 달마산은 서쪽 기슭에 자리잡은 미황사에서 바라보는 바위 능선이 인상적이다. 지리 교과서에서 사용하는 말은 아니지만 달마-두륜 산맥으로 부르기에 전혀 손색없는 품세를 자랑한다.

달마-두륜 산맥의 끝은 달마산 사자봉인데, 사자봉 마루에는 땅끝전망대가 조성되어 있고, 전망대에서 바다 쪽으로 내려가면 토말비가 세워져 있다. 한반도의 끝이 왜 남서쪽의 해남일까라고 의문을 가질 수도 있다. 실제로 한반도의 남동쪽 끝에 해당하는 해운대는 북위 34° 17′에 위치한 땅끝보다 거의 1° 정도 북쪽에 있다. 위도 1°가 약 111km 정도 되므로, 해운대는 땅끝보다 북쪽으로 한참 위에 있다는 이야기다. 남해안부터 비가 내리면 왜 전남 해안에 먼저 내리는지도 한반도 전체를 놓고 보면 쉽게 이해가 간다. 부산은 광주와 비슷한 위도에 있다. 땅끝을 이용한 해남군의 홍보는 항상 국토의 끝이라는 사실에 방점을 찍었는데, 그 끝이 근래 들어 발상의 전환이랄까 방향을 바꾸었다. 끝이 아니라 시작이라고. 그렇다 돌아서는 사람에게는 또 다른 시작일 수 있는 것이다. 해남의 식당에서는 해남군에서 공동으로 만든 물잔을 쓰는데 이런 문구가 씌어 있어 눈길을 끈다. "맛의 시작, 땅끝 해남." 이제는 모든 게 시작이다.

촬영: 2011년 11월

해운대 신시가지

부산의 과거와 현재, 그리고 미래를 담고 있는

해운대 신시가지는 원래 육군 탄약창이 있던 곳으로 대부분 군사 보호 구역이었으나, 1993년 이후 신시가지가 조성되면서 현재는 12만여 명의 인구를 수용하는 주거지로 바뀌었다. 이곳 해운대 신시가지는 부산광역시가 아파트를 중심으로 조성한 최초의 계획도시이다. 부산은 원래 광복동, 서면 일대를 중심으로 도심이 형성되어 있었고, 그 주변에 부도심과 외곽 지역이 분포해 있었다. 오늘날처럼 개발되기 이전에 해운대는 부도심인 동시에 외곽에 해당하던 지역이었다. 하지만 해운대 신시가지, 마린시티, 센텀혁신도시 등이 구축되면서 이제 해운대는 부산의 새로운 도심으로 등장하고 있다. 사진에 보이는 해운대 신시가지는 신시가지 중심부를 중심으로 외곽으로 뻗어 나가는 방사상의 도로망과 원형의 도로망이 결합된 복합 구조로 되어 있다. 도시철도 2호선 장산역과 중동역의 역세권이기도 하며, 최근에 울산광역시와 이어지는 동해남부선 복선 전철의 해운대역이 이설된 지역이기도 하다.

해운대는 부산의 관광뿐만 아니라 부산의 번영과 미래를 상징하는 랜드마크 역할을 하고 있다. 원래 해운대라는 명칭은 통일 신라 시대 최치원이 낙향하던 길에 동백섬에 새겨 놓은 '해운대(海雲臺)'라는 글귀에서 유래하였다고 하는데, 해운대를 중심으로 주변에는 송정, 광안리 등 유명한 해수욕장이 여럿 있다. 오늘날 해운대에는 100층 이상의 건물이 2개나 건설되고 있으며, 해운대 동백섬 인근의 마린시티는 초고층 주상 복합 건물이 마천루를 이루고 있어, 오랜만에 해운대를 찾은 사람은 그 변화에 어리둥절할 정도이다. 과거 해운대와 광안리해수욕장 사이에 있던 수영해수욕장과 수영비행장 자리에는 센텀혁신도시라는 주거, 문화, 상업, 컨벤션 복합 공간이 마련되어 부산의 핵심 지역으로 떠오르고 있다. 이곳에 있는 대표적인 시설로는 벡스코 종합 전시장, 세계 최대급의 백화점과 영화의전당을 들 수 있는데, 특히 영화의전당은 부산국제영화제가 개최되는 곳으로 유명하다.

촬영: 2011년 05월

해창만 간척지

해방 후 처음으로 우리 손으로 이룬 대규모 간척지

고흥은 소록도와 함께 38개 유인도와 122개의 무인도 등 160개의 섬을 포함하는 군이다. 해안선이 복잡하고 만입부에 섬들이 점점이 놓여 있다 보니 방조제를 연결하여 간척하기에 최적의 조건을 갖추고 있다. 사진에 보이는 해창만 간척지는 1969년 완공되었다. 원래 해창만은 만 너비가 약 5km, 만 내부 깊이가 약 10km에 달하는 간석지로 이루어진 거대한 만이었다. 이 넓은 만을 약 3km의 방조제로 막아 간척하면서 약 27.5km²에 이르는 농경지를 조성하였다. 여의도 면적이 8.4km²이니 여의도의 3.5배나 되는 땅이 생긴 셈이다. 섬과 섬 사이를 연결한 방조제 주변으로는 수로와 바다를 자연 상태 그대로 유지한 채 만 내부에 농지를 조성하였기 때문에, 방조제를 지날 때에는 바다 위를 달리는 느낌을 받는다.

항공사진을 조금 축소하여 고흥군 전체를 살펴보면 전라남도 보성군 벌교에서 이어지는 고흥반도의 지협은 불과 2km 정도에 불과하다. 무안에서 지도로 건너가는 해제반도와 비슷한 경관이다. 고흥반도는 목이 가는 자루 모양, 흡사 옛날 동화에 나오는 술 주머니 모양을 하고 있다. 그러나 고흥반도는 이 지협을 지나면 반도의 남쪽 끝까지 거의 40km에 가깝게 육지가 이어진다. 그러나 대부분 구릉지여서 밭농사가 주를 이루었는데, 지금은 논이 훨씬 많은 곳이 되었다. 왜냐하면 고흥반도 서쪽에는 득량만을 향하여 북쪽으로 열린 고흥만이 있었는데, 이곳 역시 대규모 간척 사업이 진행되었기 때문이다. 1998년 2,873m의 고흥만 방조제가 준공되면서 17km²의 농경지가 조성되었다

촬영: 2012년 11월

형산강 삼각주
영일만의 기적, 포스코가 들어선

이 사진은 형산강 하구 영일평야에 자리 잡은 포항시의 모습이다. 사진 중앙에서 동서로 가로지르는 형산강에 의해 포항 시가지는 크게 둘로 구분된다. 형산강 북쪽은 포항 시가지, 남쪽은 포스코와 철강공업단지이다. 동해안으로 흐르는 하천은 서해안과 남해안으로 유입하는 하천에 비해 유로도 짧고 유역의 평야 지대도 좁은 편인데, 형산강의 영일평야는 동해안에서 가장 넓은 삼각주 충적 평야에 해당한다. 다시 포항 시가지를 들여다보면 형산강이 영일만과 만나는 바로 위쪽 해안으로 초록색 숲이 보이는데, 이곳은 과거 섬이었으나 지금은 시가지로 변모하여 관광 명소로 탈바꿈한 송도 지구이다. 송도 지구 바로 왼쪽으로는 바닷물이 제법 시가지 내부로 깊숙하게 이어진다. 이곳은 형산강 직강화로 잘려 나간 구하도의 일부 구간인데, 최근 다시 형산강과 연결되면서 운하로 재탄생하였다. 포항을 대표하는 죽도시장이 이 수로를 끼고 자리 잡고 있다. 철강공업단지를 지나 남쪽으로 이어지는 지역은 과거 영일군 지역으로, 이곳의 중심 도읍인 오천읍은 해병대 제1사단이 주둔하는 곳이다.

형산강 이야기를 조금만 더 하자면 형산강의 이름은 형산강이 포항 시가지로 흐르기 직전 통과하는 형산제산 지협에서 따온 것이다. 사진 왼쪽에는 포항으로 이어지는 7번 국도와 형산강이 나란히 달리는 좁은 협곡의 마지막 출구가 보이는데, 과거 7번 국도는 이 협곡 옆을 아슬아슬하게 지나갔다. 현재 7번 국도와 영천-포항 간 철도는 협곡 옆 터널을 통과해 포항으로 이어진다. 이 철도를 따라 최근 KTX가 개통되면서 서울-포항 간을 2시간 반에 주파할 수 있게 되었다. 형산강은 울산광역시에서 발원해 포항에서 동해로 유입하는 하천으로, 전체 길이는 약 62km에 불과하다. 그러나 유네스코 세계문화유산으로 지정된 양동마을과 안강읍은 형산강이 내륙에 만들어 놓은 넓은 충적 평야 지대를 기반으로 형성된 도시들이다. 항공사진을 조금 축소하거나 형산강 줄기를 따라 이동하면서 관찰하면, 영일만에서 낙동강 하구로 이어지는 양산단층선을 따라 남북 방향으로 흐르는 형산강과 낙동강 지류인 양산천을 흥미롭게 살펴볼 수 있다.

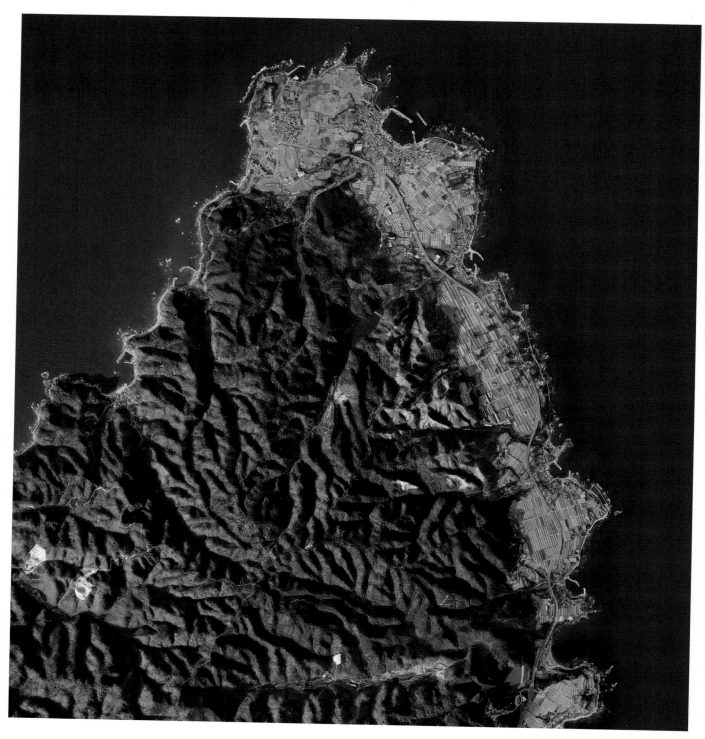

210

호미곶

토끼에서 호랑이로 변신하면서 생겨난 근대적 국토 표상의 상징

이 사진은 한반도의 모양에서 가장 두드러지는 부분, 바로 호미곶 부근을 촬영한 것이다. 사진의 오른편이 동해이고 왼편은 포항의 영일만이다. 지리학에서는 일찍이 이곳을 장기반도라 불렀고 따라서 장기반도의 끝단도 장기곶이라 불렀으나, 2001년 호랑이 꼬리라는 뜻의 호미곶으로 바뀌었다. 행정 구역도 2010년 포항시 대보면에서 호미곶면으로 바뀌었다. 한반도를 토끼로 묘사한 일인 지질학자 고토 분지로에 대항해, 1908년 최남선은 자신이 발행하는 잡지 『소년』에 한반도를 호랑이로 묘사했던 것이 호랑이 표상의 기원이다. 사진을 살펴보면 해안을 따라 일정한 폭을 이루며 펼쳐진 농경지와 이를 관통하는 도로망을 확인할 수 있다. 지리학에서는 과거 해수면과 관련하여 형성된 이러한 지형을 해안단구라 부르는데, 이곳은 항공사진으로 해안단구를 확인할 수 있는 전형적인 지역이다.

지리학자들의 관심과는 달리 일반인은 국토의 한 정점이 갖는 상징성과 이러한 상징성에 기반한 공원이나 조형물에 더 많은 관심을 보인다. 특히 호미곶은 해맞이와 관련해서는 각광받는 장소 중 하나이다. 호미곶 부근 대보항에는 호미곶 등대가 동해 바다를 밝히고 있으며, 등대박물관도 조성되어 있다. 한편 호미곶 해맞이광장에는 '상생의 손'이라는 대형 청동 조형물이 육지 쪽과 파도의 침식으로 이루어진 해안의 파식대에 하나씩 설치되어 있다. 손바닥 위로 떠오른 해를 사진에 담기 위해 전국에서 많은 사진가들이 이곳에 모여든다. 하지만 바다 위로 불쑥 내민 손에서 괴기한 기운이 느껴지는 건 나쁜일까? 한 가지 떠오르는 이야기가 있다. 구한말 갑신정변을 일으킨 개화파 지식인 김옥균은 정변 실패 후 10여 년의 외국 체류 중 중국에서 암살당하였다. 그의 시신은 돌아와 능지처참 형에 처해졌는데 전국으로 보내 조리돌렸다고 한다. 그때 호미곶으로 보내진 게 그의 오른팔과 손이라는데.

촬영: 2013년 11월

화성시 동탄면 일대 골프장

수도권 골프 1번지

2015년 현재 우리나라의 골프장은 회원제 골프장과 대중 골프장을 합쳐서 500개에 육박하고 있으며, 현재 건설 중이거나 허가는 받았지만 착공하지 않은 골프장도 100여 개에 달한다고 한다. 1980년 초 골프장 수는 50개 미만에 내장객이 100만 명 수준이었으나, 현재 내장객은 2,000만 명 수준으로 증가하였다. 최근 들어 내장객 증가율이 과거에 비해 하향세를 보이고 있다고는 하지만, 스크린 골프의 확산으로 골프를 즐기는 인구는 폭발적으로 늘어나고 있다. 이를 반영하듯이 골프 전용 케이블 TV 방송도 여러 개나 된다. 1960, 1970년대 골프가 그저 부호들이나 즐기던 스포츠로 인식되던 것에 비하면 그 증가세가 가히 폭발적이라, 골프의 대중화라는 말로는 지금의 골프 열풍이 실감 나지 않을 정도이다.

이곳은 우리나라에서 골프장이 가장 밀집해 있는 곳 중의 하나로 화성시 동탄면 일대이다. 1971년 형성된 리베라 컨트리클럽을 비롯하여 한원컨트리클럽, 기흥컨트리클럽 등이 기흥(동탄) 인터체인지를 중심으로 고속도로 동쪽에 집적해 있다. 골프 특구라 불리는 분당시를 비롯해 서울 강남과의 접근성이 높아 이곳에 골프장이 집적되는 요인으로 크게 작용하였다. 좁은 국토에 이처럼 많은 골프장이 건설됨으로써 자연환경을 훼손한다는 비판으로부터 자유롭지 못하다. 하지만 치열한 경쟁 속 숨 막히는 일상에서 벗어나 자연에서 신선한 공기를 마시면서 걸어 볼 수 있는 여유는 정신적, 육체적 건강 증진에 도움을 준다. 여기에 경제적으로, 사회적으로 성공한 자신을 확인받고 싶어 하는 욕구도 한몫했다.

지리(geography)는 '땅(Geo)'을 '기술하다(graphy)'라는 의미를 담고 있다. 이는 지표 상의 현상을 묘사하고, 분석하고, 해석하는 일련의 활동을 의미한다. 이러한 활동 중에서 가장 선행되어야 할 작업은 지표 상의 현상을 묘사하는 것이다. 지표 상의 현상을 묘사하는 데 있어서 사진 찍기는 스케치, 글쓰기 등에 비해 접근성, 용이성, 실제성, 변용성 면에서 효과적인 방법이다. 이러한 이유로 지리학에서 사진의 활용성은 계속 증가해 왔다. 특히 사진 기술의 발달로 거리 극복, 화각 확대, 대상의 리얼리티 향상, 창작 가능성 등의 효과가 높아져 다양하게 활용되고 있다.

❈ 항공사진을 이용한 공간 해설서

하늘에서
읽는
대한민국

ESSAY

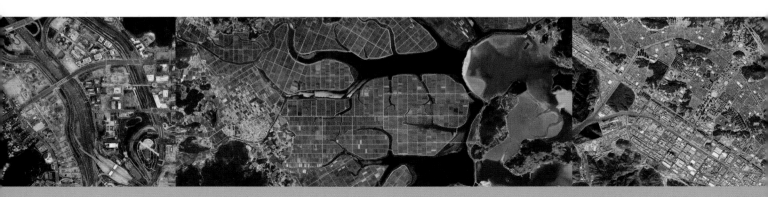

항공사진, 대한민국 국토의 천연색 설계도를 만나다

김성환 (신라대학교 국제관광학부 교수)

인간은 일찍부터 새처럼 하늘을 날며 지상을 내려다보는 관점을 활용하였다. 바로 '조감도(鳥瞰圖, bird's eye view)'다. 새로운 건축물이나 경관을 꾸미는 작업을 계획하는 경우, 모든 작업이 마무리되었을 때의 모습을 조감도를 통해 미리 제시한다. 요즘 표현으로 '3D 시뮬레이션'이다. 어쩌면 우리가 높은 곳에 올라 넓은 시야로 아래를 내려다보는 것도 지구라는 거대한 작품을 감상하는 즐거움 때문일지도 모른다. 그렇다면 우리 국토에 펼쳐진 거대한 이 작품을 계획한 자의 의도와 밑그림이 궁금해지지 않는가. 그가 자연이든, 신이든, 사람이든 간에 말이다.

태백산맥은 어디서 어디까지를 내달리며 그 속에 품은 고산 준봉들은 얼마나 많은가? 서해안 갯벌은 얼마나 차지게 섬과 섬, 만과 만 사이를 덮고 있는가? 국토의 대동맥 한강과 낙동강은 굽이굽이 삼천리 금수강산을 어떻게 적시며 흐르는가? 그 속에 옹기종기 모여 살아가는 도시와 시골의 모습은 어떠한가? 그 사이사이를 때로는 직선으로, 또 산속으로 숨었다가 강과 바다를 건너는 도로망은 어떠한가? 이 모든 밑그림이 궁금하다면 대한민국 국토의 설계도를 보면 된다. 바로 우리 국토의 올컬러, 총천연색 설계 도면인 항공사진을 말이다.

그렇다면 항공사진은 어디에서 볼 수 있을까? 의외로 이는 우리와 가까운 곳에서 쉽게 접할 수 있다. 바로 포털이나 관공서 등에서 화면으로 제공하고 있기 때문이다. 지도 애플리케이션에서 스카이뷰로 제공되는 사진이 바로 항공사진이다. 그런데 그 항공사진은 일반적으로 비행기에서 찍은 사진과는 다르다. 일반 지도 화면에서 항공사진 화면으로 변환시켜도 위치나 면적이 똑같고, 심지어 두 화면을 동시에 보아도 차이를 느끼지 못할 정도로 꼭 맞게 겹쳐진다. 혹시 이 점에 대해 의문을 가져 본 적이 있는가? 보통 사진은 초점에서 멀어질수록 크기나 모양이 왜곡되기 마련인데 어떻게 지도와 똑같은 항공사진이 가능한가?

그러면 지도를 만드는 가장 기본적인 작업이 무엇인지 한번 생각해 보자. 그것은 많은 사람들이 쉽게 떠올리는 작업, 바로 측량이다. 그렇다면 한눈에 보기에도 무거워 보이는 측량 장비들을 들고 들로, 산으로, 바다로 나가야 하는 것일까? 물론 초기 지도는 그렇게 만들었다. 지금도 부분적으로는 현장 측량 작업이 이루어진다. 하지만 현재는 사진측량을 통해 지도를 제작한다. 정확히 말하자면 항공사진측량으로 지도를 만든다. 사진으로 측량을 한다고 하면 그게 가능한 일인지 의문을 품게 마련이다. 그렇지만 사진측량은 대단히 정밀한 성과를 이루어 낸다. 이렇게 만들어진 항공사진은 어떤 지점 어느 모서리에서도 길이와 부피의 뒤틀림 없이 똑같은 비율, 즉 축척을 유지한다. 그렇기 때문에 일반 지도와 완전히 결합되는 항공사진을 제공할 수 있는 것이다.

지도 제작을 위한 항공사진 촬영은 단순히 비행기에 카메라를 달아서 찍는 것이 아니다. 정확히 지표면을 수직으로 촬영한 사진이 필요하다. 서 있는 사람으로 치면 얼짱 각도로 비스듬히 찍는 게 아니라 정수리가 찍히도록 촬영하는 것이며, 63빌딩으로 치면 금빛으로 빛나는 건물 옆면을 찍는 게 아니라 옥상의 헬기 착륙장과 피뢰침이 찍히도록 촬영하는 것이다.

이렇게 하늘에서 수직 방향으로 지표면을 내려다보고 찍는 사진을 정사사진이라고 하는데 정사사진만으로는 입체적인 사진측량이 불가능하다. 사진측량에는 동일한 지표면을 촬영한 두 장 이상의 정사사진이 필요하다. 따라서 항공사진 촬영 계획에는 항상 그리고 반드시 동일한 지표면이 중복해서 촬영되도록 촬영 경로를 설정하고 실행한다. 이 과정을 중첩이라고 부르는데, 항공기가 지나가는 경로 앞뒤로도 중첩이 되도록 해야 하고 전체적인 경로와 경로 사이에도 중첩이 이루어져야 한다. 따라서 항공사진 촬영은 촬영 계획 단계에서부터 실제 촬영까지 매우 세밀하게 진행된다.

최근에는 3D 입체 영상으로 제작된 애니메이션이 많아졌다. 영화 제작 과정을 소개하는 프로그램에서 평면의 만화가 어떻게 입체 영상으로 연출되는지 보여 주는 경우가 있는데, 기본 골자는 동일한 대상을 여러 각도에서 찍고 그것을 입체화하는 것이다. 항공사진을 이용한 지도 제작도 이 원리와 동일하다. 이 과정을 입체시(立體視)라고 부르는데 어릴 적 한 번쯤은 경험해 보았을 매직아이 그림책을 떠올리면 이해하기 쉽다. 동일한 지표면을 찍은 두 장 이상의 항공사진을 입체시하면 평면으로 표현된 사진 속에서 높이를 달리하는 다양한 사물이 평면 위로 튀어나와 보인다. 이렇게 보이는 입체시 영상에서 일정한 해발 고도 간격으로 높이가 같은 지점들을 선으로 연결하면 등고선이 된다. 이렇게 해서 일반 지도와 꼭 겹치는 항공사진이 제공될 수 있는 것이다. 즉 수평 위치를 표현하는 좌표와 수직 위치를 나타내는 등고선으로 구현된 도면이 바로 지도이다.

사실 지도 제작은 항공사진 촬영에서 항공사진 입체시를 통한 지도화 작업까지 엄청난 인력과 장비가 동원되는 동시에 엄청난 비용이 소요되는 작업이다. 또한 전 국토를 대상으로 지도를 제작하는 데에는 상당한 기간이 필요하다. 따라서 우리나라는 국가에서 이 모든 과정을 담당하고 있으며, 그 수행기관은 수원에 위치한 국토지리정보원이다. 실제 국토지리정보원의 국가 기본도 제작을 위한 항공사진측량과 지도화 작업에는 자격을 갖춘 소수의 민간 업체가 참여하고 있으며, 보안상의 문제로 철저하게 국가 기관의 감독을 받고 있다. 일반 지도 사업자는 이 국가 기본도를 다양하게 편집해서 판매하는 것인데, 이 또한 국토지리정보원의 심사를 받아야 한다.

지도 제작 과정에서 촬영한 이들 항공사진은 국토지리정보원의 홈페이지 또는 직접 문의를 통해 조회, 열람할 수 있으며, 필요한 경우 일정 비용을 지불하면 출력도 할 수 있다. 특히 이곳에는 1960년대 이후 촬영된 항공사진 자료가 시기별로 소장되어 있어 과거로부터 현재에 이르기까지 시계열적인 관심사나 연구 주제를 가진 사람에게는 매우 도움이 된다. 하지만 현재는 누구나 항공사진을 별도의 절차나 문의 없이 가만히 앉아서도 언제든 볼 수 있다. 포털 등에서 제공하는 애플리케이션만 구동시키면 된다.

앞서 설명한 것처럼 항공사진은 하늘에서 수직 방향으로 촬영하는 사진이기에, 우리가 여행지에서 만나는 독특한 경관이나 장면들을 그 속에서 확인할 수 없는 경우가 대부분이다. 영월의 한반도 지형이나 무슨 모양 바위와 같은 장면들은 특정한 지점에서 특정한 각도로 바라보았을 때에만 그 모양, 그 형태로 보이기 때문이다. 반대로 항공사진을 통해 지표면을 관찰하면 우리가 지상에서 이동하며 관찰할 수 없는 다른 형태의 독특한 경관이나 구조를 발견할 수 있다. 흡사 우리 국토를 태초부터 지금까지 만들고 변화시켜 온 많은 주체들의 계획을 정밀한 설계도를 보듯이 마주하게 된다.

평소 국토 공간에 대해 관심이 많은 독자라면 이 책에서 소개하고 있지 않은 지역에서 자신들이 평소 관심을 갖고 있던 주제와 관련하여 특징적인 경관이나 공간 구조를 새롭게 발견할 수 있을 것이다. 어쩌면 이 책에서 저자들이 간파한 국토 설계자의 의도와는 또 다른 깊은 뜻을 읽어 낼 수도 있을 것이다.

항공사진은 지도를 만들기 위한 기본적인 측량 작업 도구에서 출발하였다. 그렇지만 종이 지도의 시대를 넘어 디지털 매체가 활성화되고 통신망을 통해 시공간을 초월한 접속과 이용이 가능해지면서, 항공사진은 그 어떠한 형태의 지도보다도 더 지도로서 활용 가치가 무궁무진한 지도 그 자체가 되었다. 이미 우리의 손에 지도와 항공사진이 쥐어져 있다. 채비는 끝났다. 자, 이제 대한민국 국토에 담긴 밑그림을 찾아 여행을 떠나 보자.

항공사진으로 지도를 만들다

윤경철 (삼아항업 기술연구소 소장)

사진은 이미 오래전부터 측량을 위해 촬영되고, 이용되어 왔다. 초기에는 카메라를 지상에 놓고 촬영하는 지상사진측량이 주류를 이루었으나 현재는 비행 중인 항공기에서 고성능 사진기로 지상을 촬영하는 항공사진측량이 주로 이루어진다. 항공사진측량은 지도를 제작하기 위해 실시하는데, 지표를 수평 상태에서 촬영하는 수직 사진을 중복하여 촬영하고 이를 변환하여 위치 및 높이 등 지형지물에 관한 정보를 파악하는 측량 기술이다. 여기에는 상당한 수준의 수학적인 개념과 과학적인 기법이 요구되며, 이것을 토대로 평면의 지도가 만들어진다.

지도 작성을 목적으로 항공사진을 찍은 최초의 사람은 프랑스 사진작가인 나다르(필명: Nadar, 본명: Gaspard-Felix Tournachon)로, 그는 1858년에 세계 최초로 기구(氣球)를 타고 하늘에서 사진을 찍는 데 성공하였다. 본격적인 항공사진측량은 1903년 라이트 형제가 비행기를 발명하고 1909년에 독일의 풀프리히(Carl Pulfreich)가 입체 영상을 고안한 후부터 시작되었다. 그 후로도 여러 나라에서 기술과 장비가 개발되었으며, 1915년 독일 차이스(Zeiss)사에서 연속사진 촬영용 카메라를 발명한 이후부터 항공기를 이용한 항공사진측량 기법이 널리 보급되어 갔다.

우리나라의 항공사진 제작은 1945년 이후에 미군에 의해 처음 시도되었다. 당시 미 극동군사령부 산하의 제64공병 측지대대가 1:50,000 및 1:25,000 시가지 지형도를 편집 제작하였고, 한국 전쟁 발발 이후에는 1:40,000 항공사진을 제작하였다. 1961년 5·16 군사 정변 이후 국토 개발 사업이 추진되면서 지도 제작과 항공사진의 필요성이 높아졌지만, 기술과 장비 및 재정 확보의 어려움으로 제대로 추진되지 못했다. 그 후 제1차 경제개발5개년계획(1962~1966년)부터는 민수용 지도의 수요까지 증가하게 되자, 군용 지도를 일부 수정하여 소축척 지도인 1:50,000 지도를 제작하였다. 그러나 보다 더 큰 축척의 지도가 요구되었으며, 더불어 정확도가 높은 지도가 요청되기 시작하였다. 이때부터 우리나라의 항공사진측량 사업과 지도 제작에 관한 논의가 시작되었다.

그리하여 1965년 대통령 특사로 네덜란드에 파견된 친선경제사절단(단장: 박동묘)이 한·화협동 항공사진측량사업(韓·和協同航空寫眞測量事業) 계약을 체결하였다. 이때부터 우리나라는 네덜란드로부터 도화기, 편위수정기 등 각종 항공 측량 장비를 무상으로 공여받았을 뿐만 아니라 우리나라 젊은 기술자들도 ITC(당시 명칭:International Training Center for Aerial Survey)에 가서 교육받게 되었다. 최초의 교육생은 건설부 국토계획국 기술조사과의 최재화(성균관대학교 교수 및 대한측량협회 회장 역임) 기사였으며, 1967년부터 본격적으로 민간인 교육생들이 ITC에 입학하여 수학하였다. 이러한 기술 협조와 경제적 원조로 3만 km²에 대한 항공사진측량과 1:25,000 지형도 제작이 진행되었으며, 1974년까지 1:25,000 지도 762도엽과 1:50,000 지도 239도엽이 제작되었다.

지도라고 하면 먼저 종이 지도가 떠오르지만 과학 기술의 급진적인 발전으로 오늘날은 수치지도와 사진지도가 더욱 흔한 시대에 살고 있다. 더구나 지도를 만드는 기술인 측량 방법도 삼각측량과 평판측량의 방법에서 항공사진측량으로 발전하였다. 하지만 최근 들어서는 지상 수백 킬로미터 상공에서 남의 집 동태를 살피듯이 인공위성에서 영상을 취득하여 지도를 만들기도 하고, 드론(drone)을 이용하여 각종 영상 자료를 획득하기도 한다. 분명 앞으로는 항공촬영(유인)의 시대에서 인공위성과 저고도의 무인기 시대로 변모할 것이다. 그러나 아직은 항공사진측량에 의한 영상 자료의 취득이 손쉽기 때문에 실무에서 여전히 가장 흔하게 이용되고 있다. 이때 사용되는 카메라는 항공기에서 지상을 측량할 수 있도록 제작된 특수 카메라로 지표, 사진 번호, 고도, 기울기, 시간 등이 기록된다. 항공사진 촬영 작업 계획이 수립되면 디지털 항공사진을 촬영하는데 이 영상은 실무에 바로 이용할 수 없으며, 기복변위(起伏變位)와 경사변위(傾斜變位)를 소거해야만 이용이 가능하다. 항공사진측량 방법(기준점측량, 수치도화, 지리 조사, 정위치 편집, 구조화 편집 등)의 과정을 거쳐서 정사영상을 제작한다. 이때 반드시 대한측량협회에서 공공측량 성과심사를 통과해야 측량성과의 정확도를 보장받을 수 있다. 특히 정사영상은 촬영 당시의 경사로 인해 생긴 지형의 왜곡을 수치표고모델(DEM)을 이용하여 기하학적으로 보정하는 정사편위 수정을 거쳐 제작된다.

이렇게 항공사진의 투영 중심을 정사투영(正射投影)으로 변환시켜 평면 상의 지도와 같이 만든 다음 그곳에 등고선과 지명을 넣어야 지도로 이용이 가능하다. 그 뿐만 아니라 도화, 지명 조사, 편집 등의 복잡한 과정을 거쳐서 종이 지도(지형도)로 만들어 사용하는 것이 보통이다. 항공사진 영상은 종이로 만든 지도보다는 위치 관계를 정확히 파악하기 어렵지만, 지표면의 상태가 그대로 나타나 있으므로 종이 지형도에서 일일이 표현할 수 없는 세부 지형과 윤곽을 뚜렷이 읽을 수 있다. 나아가 이렇게 얻은 사진지도나 사진 영상으로 지형의 해석이 가능할 뿐만 아니라 하천이나 도로의 길이, 붕괴 면적, 유역 면적, 변동량, 침식(퇴적량), 표면 온도, 탁도 등 여러 자료를 획득할 수 있다. 또한 이들을 2회 이상 촬영하여 진행 추이나 변동 상태를 비교 분석할 수도 있다.

사진에 담긴 경관에서 아름다움을 경험하다

김다원 (광주교육대학교 사회과교육과 교수)

우리는 아름다움이 상품인 시대에 살고 있다. 이는 우리가 문화화·예술화된 일상생활 속에 살고 있을 뿐 아니라 앞으로 그러한 삶을 욕망한다는 것이기도 하다. 이렇게 아름다움을 추구하는 세상에서는 아름다움을 감상하고 독창적으로 표현할 수 있는 능력이 필요하다. 그래서 인문학적 사고를 담아 세상의 아름다움을 볼 수 있는 눈과 안목을 기르고, 이를 통해 아름다움을 감상하고 표현할 수 있게 해 주는 감성 교육이 중요해지고 있다.

오늘날 '아름다움'에 대한 생각은 예술가들의 작품에서만 느낄 수 있다고 여겼던 본질주의적인 입장으로부터 벗어나, 새롭게 사회적 맥락과 상황에 의거한 사회적 의미와 이해에 의해 형성된다는 인식이 확산되고 있다. 이는 일상생활 속에서 누구나 '아름다움'을 경험할 수 있는 것으로 천착된다. 개인적 삶의 과정과 개인적 경험의 영역에서 받아들여지고 재구성되는 미적 경험으로 미의 영역이 넓어지고 있는 것이다. 사람들이 생활 속 풍경이나 문학 작품 속 내용, 그리고 자연환경 안에서도 감상과 경험을 통해 '아름다움'을 체험하고 있다.

이런 측면에서도 특정 자연 경관이나 특수한 문화 경관을 사회역사적 맥락에서 해석해 보는 것은 중요하다. 문화지리학자 덩컨(James S. Duncan)은 스리랑카의 캔디(Kandy)를 사례로 도시 경관이 어떻게 텍스트로 읽힐 수 있는지 보여 주었다. 19세기 초 캔디 왕국의 스리비크라마 라자신하(Sri Vikrama Rajasinha of Kandy) 왕은 자신의 권위를 과시하기 위해 넓은 광장과 인공 호수인 캔디 호를 조성하고,

대대적인 왕궁과 성벽 재건축 등을 감행하였다. 왕은 신화 속의 세계, 우주의 모습, 천국에 관한 담론을 염두에 두고 그것을 도시 경관에 재현함으로써 영원한 지상 왕국을 건설하고자 하였다. 이 캔디 도시 경관에서 이러한 과거 캔디 왕국 역사의 단면과 사람들의 생각, 생활 양식을 읽어 낼 수 있는 것이다.

이렇게 경관 안에 담겨진 동서고금의 이야기들을 찾아보고 그 이야기들이 만들어 낸 지금의 경관을 읽어 냄으로써 즐거움을 체험할 수 있다. 시대별, 지역별로 사람들이 아름다움의 대상으로 무엇을 선정했으며, 어떻게 감상하고, 무엇으로 그 아름다움을 발현시켰는지 그 과정을 역사·사회적으로 탐색할 수 있다. 이를 통해 비로소 인문학적 상상력을 충분히 발휘할 수 있을 것이다. 이러한 경관에 대한 체험 활동은 현지답사를 통해서도 이루어지지만, 현지답사를 할 수 없는 경관의 경우에는 사진 등의 영상 매체를 통해서도 이루어진다.

지리(geography)는 '땅(Geo)'을 '기술하다(graphy)'라는 의미를 담고 있다. 이는 지표 상의 현상을 묘사하고, 분석하고, 해석하는 일련의 활동을 의미한다. 이러한 활동 중에서 가장 선행되어야 할 작업은 지표 상의 현상을 묘사하는 것이다. 지표 상의 현상을 묘사하는 데 있어서 사진 찍기는 스케치, 글쓰기 등에 비해 접근성, 용이성, 실제성, 변용성 면에서 효과적인 방법이다. 이러한 이유로 지리학에서 사진의 활용성은 계속 증가해 왔다. 특히 사진 기술의 발달로 거리 극복, 화각 확대, 대상의 리얼리티 향상, 창작 가능성 등의 효과가 높아져 다양하게 활용되고 있다.

실제로 지리 교육에서 사진은 주로 자연 경관이나 인문 경관의 이미지를 전달하는 매체로서 유용하게 활용되었다. 사진을 통해 경관의 위치와 형성 과정, 특징 등을 확인하고, 인간과 환경 간의 관계까지도 유추할 수 있기 때문이다. 지리 교육에서 사진은 비록 현장성은 다소 떨어지더라도 지표 상의 경관을 두루 살펴보게 하는 데 큰 역할을 담당하고 있는 것이다. 우리나라는 조선 시대 후기부터 사진이 기록으로서 기능하였고, 지금은 교육 현장에서 거의 필수적인 도구로 평가되고 있다.

그럼에도 불구하고 지리 교육에서 사진의 가치는 더 확대되어야 한다고 본다. 지금까지의 사진 활용은 대상 경관 자체의 외적인 모습에 치중한 것이었다. 이제는 대상 경관이 담고 있는 내적 의미를 읽는 데도 활용해야 한다. 이를 위해서 다음의 두 가지 활동을 제안하고자 한다.

우선, 사진 찍기 활동이다. 미국 듀크대학교의 신문 활용 교육(NIE)은 좋은 예가 될 수 있다. 어린이의 내면세계를 이미지를 통해 외부로 드러내고 이에 대한 글을 씀으로써 정서 표현과 사고력 확장에 방점을 둔 새로운 교육론이다. 나아가 영상 시대에 이미지를 어떻게 읽고 표현하는가를 가르치는 영상 문해(Literacy) 교육이 될 수 있다. 영상은 단순한 이미지로서의 표현이 아니라 대상의 본질을 감지하고 대상의 아름다움을 감상할 수 있는 심미적 능력을 키워 주는 텍스트이다. '인간과 환경과의 관계에 대해 이해하고 친환경적인 태도를 갖는다.'라는 지리 교육의 목표를 고려해 볼 때, 이러한 사진 찍기 활동은 주제를 선별하여 새로운 관점을 기르는 긍정적인 효과를 기대하게 한다.

다음은 사진 감상 활동이다. 이는 감성 교육과 연결해 볼 수 있다. 온전한 인간으로 성장하기 위해서는 지적인 영역의 학습도 필요하지만 감성 영역의 함양도 필요하다. 사진 속의 대상을 오감을 활용하여 느껴 보자. 오감을 이용한 대상 관찰은 대상의 본질적 특성을 인식하게 할뿐더러 공감력을 높이는 데 도움을 준다. 관찰자가 어떤 마음가짐으로 대상을 보느냐에 따라 그리고 어떻게 지각하느냐에 따라 대상 경관은 다른 의미나 가치를 가지게 된다. 사람은 오감을 활용한 지각을 통해 경관에 대한 이미지를 형성하며, 이러한 이미지는 경관 안에 담겨진 자연환경과 그 안에서 살아온 사람들의 삶, 문화에 대한 가시적인 해석이자 동시에 경관에 대한 사람들의 느낌이다.

인류는 자신의 생각을 표현하는 수단으로 글보다 그림을 먼저 활용하였다. 그림을 통해서 자신의 생각과 관점을 표현하였으며, 동시에 그림 속에서 사람들의 생각과 역사를 읽어 냈다. 이제는 사진이 그 역할을 하고 있다. 자연·인문 경관 안에 담긴 지구의 역사와 지구인들의 생각을 읽고, 새로운 생각의 역사를 사진을 통해서 보자. 이러한 활동과 과정 자체가 아름다운 체험일 것이다.

포털 지도 : 축척 유연성과 공간 가동성, 그리고 지도 이용의 혁명적 변화

손 일 (부산대학교 지리교육과 교수)

"거긴 내가 꽉 잡고 있는데, 거기 가면 눈감고도 다닐 수 있어."라고 자신 있게 말하는 사람을 우린 종 종 본다. 하나 그가 그 '어디'를 잘 알고 있다는 것은 자신이 그 공간에 익숙하며 개별 사물들의 전후 좌우 관계를 잘 알고 있다는 이야기이지, 2차원의 직교 좌표, 나아가 높이까지 고려한 3차원의 입체 속에서 그 공간을 파악하고 있다는 말은 결코 아닐 것이다. 실제로 그가 알고 있다는 전후좌우 관계 를 지도에서 확인해 보면 놀랍게도 사실과 다르게 인식하고 있는 경우가 허다하다. 잘 알고 있는 곳 의 내부 구조에 대한 위상적 인식이 이 정도라면, 그 '어디'와 주변과의 관계는 말할 필요도 없다.

주변과의 관계에서 문제는 또 등장한다. 과연 그 '어디'를 어떤 규모의 공간 속에 자리매김할 것인가 하는 문제이다. A3 크기의 면적에 서울 시역이 다 들어간다면 그건 대략 1:100,000 크기의 지도이며, 여기서 서울역은 하나의 점으로 표시될 것이다. 이때 서울역은 서울의 지하철역 중 하나이며, 서울 역의 위상적 관계는 서울 지하철의 네트워크 속에서 인식될 것이다. 하지만 남한 전역이 그 면적에 표시된다면 1:1,000,000 정도의 소축척 지도일 것이며, 그때 서울역은 우리나라 철도 네트워크 속의 주요 결절지가 될 것이다. 결국 같은 대상이라 하더라도 어떤 규모의 공간에 자리매김하느냐에 따 라 그것의 공간적 속성이나 위계가 달라지는 것이다.

물론 그 '어디'에 대한 공간 인식 능력도 개인마다 확연히 달라질 수 있다. 남대문 시장통은 훤하지 만, 거기서 한 발짝만 벗어나면 전후, 좌우는 물론이고 동서남북도 가늠하지 못하는 이가 있다. 그런가 하면, 전철로 서울역에서 강동구 상일동역까지 가려면 어느 환승역에서 몇 번 노선을 타야 하는지 지도를 통해 최단 경로를 쉽게 찾을 수 있는 사람도 서울역 구내에서 공항철도 개찰구를 찾는 데는 어려움을 겪을 수 있다. 더군다나 운전 시 길 찾기는 내비게이터에 의존하고 관심 대상이 어디에 있는지는 무조건 인터넷에서 검색하는 작금의 상황에서는 이와 같이 미숙하고 불균형적인 공간 인식을 피할 길이 없다.

게다가 우리는 도로 정보가 시키는 대로 따라갈 수밖에 없을 정도로 극도로 복잡한 공간을 만나기도 한다. 그저 도로 표지판에 따라 어디로 들어가 어디로 나올 뿐, 그 공간의 전체 구조는 알 수가 없다. 경부고속도로, 서울외곽순환고속도로, 용인서울고속도로, 분당-내곡간도시고속화도로, 분당-수서간도시고속화도로 등이 만나는 성남시 일원이 그 사례일 수 있는데, 분당과 판교의 내부 도로까지 합쳐지면 그곳 주민이라도 전체적인 도로 구조를 파악하면서 운전하기란 거의 불가능에 가깝다. 하지만 운전을 하기 전 각종 기호와 지명이 체계적으로 배열된 지도를 미리 검색해 본다면, 예상보다 쉽게 그 구조가 눈에 들어오면서 안전하고 편안한 운전을 할 수 있다.

여기까지의 이야기를 한마디로 요약하면, '자신에게 주어진 공간적 과제를 해결하기 위해서는 우선 그 과제를 정확하게 정의하고, 그것에 적절한 축척의 지도를 사용해야 한다'는 것이다. 하지만 종이 지도에 전적으로 의존해야 했던 시대에는 다양한 축척의 종이 지도를 모두 갖추어 놓고 매 공간 과제마다 그것에 적절한 지도를 사용한다는 것은 일부 전문가를 제외하고는 불가능한 일이었다. 그런데 이제는 '다음'이나 '네이버'와 같은 포털 업체에서 남한 전역의 다축척 지도를 무료로 제공하고 있으며, 그것을 스마트폰이나 태블릿 피시에서 언제든지 받아 볼 수 있다. 게다가 그 지도를 필요에 따라 마음대로 늘였다, 줄였다, 다시 말해 줌인, 줌아웃 할 수 있다. 그것도 손가락만으로.

이 글에서는 포털 제공 지도와 관련된 두 가지 이야기를 하려 한다. 첫 번째는 포털 제공 지도가 지닌 축척 유연성과 공간 가동성이라는 두 가지 탁월한 능력에 관한 것이다. 터치스크린을 통한 자유자재의 스케일 변동, 이를 좀 더 개념화시켜 말하면 '축척의 유연성(flexibility of scale)'이라고 할 수 있다. 실제로 지표에 펼쳐진 인위적 혹은 자연적 공간 요소는 저마다 각기 다른 특성을 지니고 있으며, 그것이 만들어 내는 공간적 패턴(밀집, 분산, 반복, 단절, 기하학적 문양 등)은 개별 요소마다 그것이 구현되는 축척이 각기 다르다. 예를 들어 1:5,000 축척에서 보이던 산촌의 분산된 취락 구조는 1:50,000 축척에서는 전혀 나타나지 않을 수 있는데, 이는 공간 현상마다 고유의 축척이 존재한다는 사실을 의미한다. 따라서 지금까지 축척이 고정된 종이 지도에서 확인할 수 없었던 공간 현상을 IT 기술의 발달로 새로이 구축된 지도 환경에서는 축척의 유연성에 힘입어 새롭게 발견할 수 있게 되었다.

오늘날 우리는 빅데이터 덕분에 다양한 가설을 설정하고 검정함으로써 지금까지 전혀 인식하지 못했던 변수들 간에 새로운 관계를 발견하기도 한다. 마찬가지로 컴퓨터 그래픽 기술의 발달로 지도적 시각화는 결과의 재현뿐만 아니라 가설을 설정하고 그것을 검정하는 데도 이용되고 있다. 이러한 경향이 가변 축척 지도에도 적용되면서, 축척에 따른 공간 현상의 다층적 의미를 별다른 기술 없이 스스로 확인할 수 있게 되었다. 이는 사진이라는 시각화 도구가 단지 도출된 결과만을 전달하는 데 그치지 않고, 공간 속에 숨어 있는 가설을 구성하고 이를 검정하고 그 결과를 알리는 진정한 의미의 시각화 도구로 재탄생할 가능성이 열려 있음을 의미한다. 또한 이는 가변 축척 지도에 숨겨진 놀라운 능력인 동시에, 방법론적 측면에서 지리학을 비롯한 여러 공간 과학의 새로운 지평을 열 수 있으리라 기대된다.

축척의 유연성과 함께 포털 제공 지도의 또 다른 장점은 자신이 원하는 곳이면 어디든 접근할 수 있다는 점이다. 이 역시 개념화해서 말하면 '공간의 가동성(movability of space)' 정도가 될 것이다. 도서관이나 특별한 목적을 지닌 연구소가 아니면 남한 전체를 커버하는 1:25,000 지형도 일습을 갖춘 곳은 없을 것이며, 심지어 남한 전체가 10여 장이면 충분한 1:250,000 지세도를 갖춘 곳도 많지 않다. 하지만 포털에서 제공하는 지도는 다양한 축척으로 남한 전체를 보여 준다. 백령도에서 울릉도로, 다시 슬로시티 증도에서 안동 하회마을로, 다시 마라도에서 양구 펀치볼로. 마치 순간 이동하듯 자유자재로 전국을 헤집고 다닐 수 있다. 이런 능력 때문에 한때 모든 승용차 뒷자리에 놓여 있던 두툼한 도로 지도는 어느새 사라지고 말았다.

공간 가동성의 가장 대표적인 사례는 어쩌면 우리들이 무심코 이용하고 있는 자동차에 장착된 내비게이터일 것이다. 내비게이터는 터치스크린에서 운영되는 가변 축척 지도에 GPS가 결합된 시스템이다. 차량용 내비게이터 화면에서 자동차 아이콘은 고정된 채 화면이 움직인다. 이와는 달리 달리는 자동차에서 스마트폰에 포털 제공 지도를 열고 현재 위치 버튼을 누르면, 현 위치를 나타내는 아이콘이 지도 위에서 움직이기 시작한다. 이만큼 공간 가동성을 리얼하게 보여 주는 예는 흔치 않다. 또한 포털 제공 지도에서 원하는 목적지를 검색하면 화면에서 바로 그곳으로 데려다 준다. 개략적인 정보만 제공하면 여러 가능지를 보여 주면서 사용자의 선택을 기다리며, 심지어 그곳의 전화번호만 입력해도 바로 현장으로 안내한다. 가히 환상적이다.

포털 제공 지도와 관련된 두 번째 이야기는 지도 이용의 혁명적 변화에 관한 것이다. 지도는 말, 글, 그림, 숫자와 마찬가지로 의사소통의 도구로 인식되어 왔다. 정확한 의사소통을 위해서는 말이나 글에 문법이 있듯이 지도에도 문법이 존재한다. 그러나 후자의 문법은 전자의 그것에 비해 복잡하지 않으며 직관적인 부분이 많다. 예를 들면 지도는 처음부터 정해진 순서에 따라 읽을 필요가 없으며, 지도에 나타난 각종 기호는 실생활에 기반을 두거나 상식선에서 이해될 수 있는 것이 대부분이다. 이처럼 지도는 의사 전달 도구로서 특별한 장점을 지니고 있지만, 정확한 지도 제작에는 어마어마한 비용이 들기 때문에 일반인이 그것을 만들거나 가공하거나 심지어 이용하기조차 쉽지 않다. 더군다나 끊임없이 변하는 지리 정보를 지도에 갱신하려면 그 노력과 비용은 상상을 초월한다. 결국 종이 지도의 제작은 국가나 기업의 몫이었고, 개인이 그것을 이용하려면 적지 않은 비용을 부담해야 했다. 하지만 포털 제공 지도는 무료로 제공되며, 상업적 이용이 아니라면 개인이 이를 가공해서 자신의 의사 전달에 사용해도 큰 문제가 없다.

과거 종이 지도가 이미 알고 있는 사실을 대중에게 일방적으로 전달하는 것이었다면, IT 기술과 접목된 새로운 지도 환경에서는 지도와 이용자 간에 상호 작용이 가능하고, 지도를 통해 새로운 사실을 발견할 수 있으며, 개인 정보로서 보관하거나 개인 상호 간에 주고받을 수 있는 미디어로 탈바꿈하게 되었다. 그 결과 이전과는 달리 광고 전단지나 심지어 명함에도 지도가 들어 있으며, 신문, 잡지, 각종 서적에 지도가 삽입될 경우 복잡한 제도 과정을 거치지 않고 포털 제공 지도를 일부 가공해서 손쉽게 이용하고 있다. 과거 엄격하고, 과학적이고, 비밀스럽던 지도가 이제는 마치 공깃돌처럼 일반인의 손바닥에서 굴러다니고 있는 것이다.

지도 이용의 혁명적 변화는 이 같은 개인적 이용 차원에서만 머무는 것이 아니다. 종이 지도의 경우 주어진 축척에서만 공간 패턴을 찾으려 했지만, 새로운 지도 환경에서는 그 공간을 구성하고 있는 최종 단위(출입구, 내부 통로, 자투리 공간)까지 내려가 그것들의 결합 방식을 읽어 낼 수 있다. 이는 자연과학에서 분자, 원자, 소립자 수준까지 내려가 물질의 본질을 찾으려는 현미경적 세계관이 이제 공간 과학에서도 통용될 수 있음을 암시해 준다. 즉 공간을 구성하는 본질적 요소는 무엇이며, 그것이 어떻게 결합되어 현재의 공간 현상을 만들고 있느냐에 대한 해답을 얻을 수 있다는 이야기다. 이와는 반대로 점점 더 넓은 범위에서 공간 변수들 간에 상관관계를 찾는다면, 국지적인 수준에 머물던 공간 인식이 지역 수준, 국가 수준, 국제적 수준으로 확대되면서 공간 과학의 궁극적 목적인 우주선 지구에 대한 조망적 시각이 가능해질 수 있다.

결국 포털 제공 지도가 지닌 축척 유연성과 공간 가동성이라는 탁월한 능력 덕분에 전문 연구소나 보유하고 있었을 거대한 지도 아카이브를 이제 스마트폰이나 태블릿 피시에서 실시간으로 접속할 수 있는 세상이 되었다. 그것도 거의 무료로. 또한 기지의 사실을 대중에게 일방적으로 전달하는 도구였던, 다시 말해 권위주의적 도구였던 지도가 이제 새로운 미디어 환경을 맞아 사용자 위주의 편리한 도구로 변신하게 되었다. 특히 전 지구적 스케일부터 극미세 공간까지 자유자재로 넘나들 수 있는 새로운 지도 환경은, 이제 공간 이해나 분석 방법마저도 바꾸어 놓을 기세이다. 이것만으로도 포털 제공 지도가 펼쳐 놓은 변화는 가히 혁명적이라고 말할 수 있다. 하지만 이는 시작일 뿐이다. 도대체 그 끝은 어디이며, 과연 그 끝이 있기나 한 것일까? 인간의 끝없는 도전이 만들어 낼 미래의 지도 세상은 과연 어떤 모습일지 상상해 보는 것만으로도 흥분된다.

손 일

서울대학교 사회과학대학 지리학과를 졸업한 후 영국 사우샘프턴대학교에서 지리학 박사학위를 받았다. 1984년 경상대학교 지리교육과에서 처음 교편을 잡은 후, 현재는 부산대학교 지리교육과 교수로 재직 중이다. 저서로는『현대의 새로운 패러다임과 인문학』,『한국의 지리학과 지리학자』,『황사』,『지식정보사회와 지리학 탐색』등의 공저와『앵글 속 지리학(상·하)』,『네모에 담은 지구』가 있으며, 역서로는『자연지리학이란 무엇인가?』,『자연지리학과 과학철학』,『지도와 거짓말』,『지도전쟁』,『메르카토르의 세계』,『휴먼 임팩트』,『조선기행록』,『사카모토 료마와 메이지 유신』,『한반도 지형론』등이 있다. 초창기 연구 주제는 하천수문지형학과 통계지도였으며, 후반기 들어서는 한반도 산맥 및 산지 체계가 주요 연구 주제이다.

김다원

한국교원대학교 지리교육과를 졸업한 후 서울대학교에서 지리교육학 박사학위를 받았다. 가톨릭대학교 ELP학부대학 교육전담 교수를 거쳐, 현재는 광주교육대학교 사회과교육과 교수로 재직 중이다. 공저서로는『모두를 위한 국제이해교육』,『왜, 유럽 5개국인가』,『왜 미국, 중국, 일본, 러시아인가?』,『더불어 사는 세상 배우기』,『중학생을 위한 국제이해교육』,『담장너머 지구촌 보기』등의 국제이해교육 관련 도서와『읽는 저자, 쓰는 독자 – 창의편』,『읽는 저자, 쓰는 독자 – 탐구편』등의 인문학 도서가 있다. 역서로는『글로벌 관점과 지리 교육』이 있다. 현재는 사진과 문학 작품을 활용한 지리 교육, 글로벌 시민 교육을 연구하고 있다.

김성환

서울대학교 사회과학대학 지리학과를 졸업한 후 같은 대학에서 지리학 박사학위를 받았다. 환경부 국립환경과학원 책임연구원과 신라대학교 지리학과 교수를 거쳐 현재는 신라대학교 국제관광학부에서 관광과 지리를 가르치며 연구하고 있다. 공저로는『한국의 하구역』,『도시해석』,『생태서식지로서 한국 서해안의 해안사구』가 있으며, 역서로는『휴먼 임팩트』,『해안시스템』,『한반도 지형론』등이 있다.

윤경철

동아대학교에서 공학 박사학위를 취득하고, 한국측량학회, 한국지형공간정보학회, 한국지도학회, 대한토목학회, 한국기술사회, 측량 및 지형공간정보기술사회 등에서 활동하였다. 현재는 (사)대한측량협회 편집위원장과 (주)삼아항업 기술고문을 맡고 있으며, 동아대학교 대학원에서 강의도 하고 있다. 저서로는『대단한 뉴질랜드』,『대한측량협회 40년사』,『대단한 지구여행(개정)』,『대단한 하늘여행』,『대단한 바다여행』이 있으며, 공저로는『지도 읽기와 이해』,『지도학개론』,『지도의 이해』등이 있으며, 논문으로는『항공삼색측량에 의한 블럭구조의 특성에 따른 정확도 향상』이 있다. 항상 끊임없는 호기심으로 세상을 탐구하는 저자는 하늘과 바다, 지구 등에 관심이 많은 엔지니어이다.

항공사진
제공

삼아항업(주)

1994년 창립한 삼아항업(주)은 지난 20여 년 동안 항공사진도화, 수치지도 제작, 항공사진촬영 등 항공사진촬영 전문업체로 성장해 왔습니다. 더불어 항공사진측량과 관련된 특허를 다수 보유하고 있으며, 2006년에는 국내 최초로 고해상도 디지털카메라를 도입하였습니다. 2007년부터 전 국토의 디지털항공영상을 매년 촬영하여, 연도별 정사영상을 제작하여 보유하고 있을 뿐만 아니라 국내 최초로 전 국토에 대한 해상도 12.5cm급 정사영상 구축을 완료하였습니다. 현재 삼아항업은 항공촬영용 항공기 4대, 디지털카메라 3대, 다중카메라, 라이다, GPS/INS를 보유하고 있으며, 앞으로도 디지털국토를 실현하기 위하여 디지털항공촬영, 이미지도화, 정사영상지도제작, 다차원공간정보구축 등을 수행해 나아가고 있습니다.

디지털항공사진 촬영은 1회 촬영으로 흑백, 컬러 및 근적외선 영상을 동시에 취득이 가능하며, GPS/INS을 이용하여 기준점 설치 불가능 지역에 대한 항공측량도 가능합니다. 고해상도 디지털항공사진은 GSD(영상의 공간 해상도)10cm, 25cm, 50cm급으로 정확한 수치지도 제작 및 영상지도 제작 등 다양한 분야에서 활용되고 있습니다. 특히 전 국토가 동일한 해상도로 제작되는 스카이뷰(Sky view)는 다음(Daum) 지도 서비스에 제공되어 교통 정보, 부동산, 의료 시설, 숙박 시설, 맛집, 관광 명소, 공공시설 등 다방면에 이용되고 있습니다. 삼아항업은 디지털항공 촬영과 정사영상 구축, 스카이뷰와 버드뷰 제작, 공간DB구축 분야, SI 분야, 지적 및 엔지니어링 분야 등에서 다양하게 활동하고 있습니다.

항공촬영에 이용되고 있는 항공기